Thermolyse von Hexakis-[2-(dimethylaminomethyl)phenyl]cyclotrisilan -

Ein effizienter Zugang zu einem

basenstabilisierten, nucleophilen Silandiyl

DISSERTATION

zur Erlangung des Doktorgrades

der Mathematisch-Naturwissenschaftlichen Fachbereiche

der Georg-August-Universität zu Göttingen

vorgelegt von

Heiko Ihmels

aus Varel

Göttingen 1995

Die Deutsche Bibliothek - CIP-Einheitsaufnahme

Ihmels, Heiko:
Thermolyse von Hexakis-[2-(dimethylaminomethyl)phenyl]
cyclotrisilan - Ein effizienter Zugang zu einem basenstabilisierten,
nucleophilen Silandiyl / vorgelegt von Heiko Ihmels -
Göttingen : Cuvillier, 1995
    Zugl.: Göttingen, Univ., Diss., 1995
    ISBN 3-89588-264-X

D7

Referent: Prof. Dr. A. de Meijere

Korreferent: Prof. Dr. U. Klingebiel

Tag der mündlichen Prüfung: 13.06.1995

© CUVILLIER VERLAG, Göttingen 1995
    Nonnenstieg 8, 37075 Göttingen
    Telefon: 0551-43218
    Telefax: 0551-41860

1. Auflage, 1995
Gedruckt auf säurefreiem Papier

ISBN 3-89588-264-X

Die vorliegende Arbeit wurde in der Zeit von August 1992 bis Mai 1995 im Institut für Organische Chemie der Georg-August-Universität Göttingen im Arbeitskreis von Herrn Prof. Dr. A. de Meijere unter der wissenschaftlichen Anleitung von Herrn Dr. J. Belzner angefertigt.

Meinen Lehrern, Herrn Prof. Dr. A. de Meijere und Herrn Dr. J. Belzner, möchte ich für die Themenstellung, die anregenden Diskussionen sowie die großzügige Unterstützung während der Anfertigung dieser Arbeit ganz herzlich danken.

Well, we know what makes the flowers grow - but we don't know why
And we all have the knowledge of DNA - but we still die
We perch so thin and fragile here - upon the land
And the earth that moves beneath us - we don't understand

So we rush towards the judgement day - when She reclaims
A toast to the Luddite martyrs then - who died in vain
Down at the lab they're working still - finishing off
How do we tell the people in the white coats - enough is enough

Hey, hey, I listen to you pray
As if some help will come
Hey, hey She will dance on our graves
When we are dead and gone

You and I we made no suicide pact - we didn't want to die
But we watch the wall, little darling - while the chemical trucks go by
This desperate imitation now of innocence
The last few days of Jonestown ain't got nothing on this

As children learn about the world we built that wall of sand
Along the beach we laboured hard with our bare hands
We worked until the sun went down beneath the waves
And the tide came rolling, splashing in, washed the wall away...

Justin Sullivan

Inhaltsverzeichnis

A. Einleitung   1

B. Hauptteil   7
1. Struktur des Cyclotrisilans **17a** in Lösung und im Festkörper   7
2. Reaktionen des Cyclotrisilans **17a** mit Alkinen   11
3. Reaktionen des Cyclotrisilans **17a** mit Olefinen und Dienen   18
4. Reaktionen des Cyclotrisilans **17a** mit Nitrilen   33
5. Reaktionen des Cyclotrisilans **17a** mit Ketonen und Iminen   37
6. Reaktionen des Cyclotrisilans **17a** mit Isocyanaten und Isothiocyanaten   47
7. Hat das Silandiyl **20a** nucleophile Eigenschaften?   55
8. Reaktionen von Hexakis[2-(dimethylaminomethyl)-5-methylphenyl-
    cyclotrisilan **17h**   58

C. Experimenteller Teil   62
1. Allgemeines   62
2. Darstellung der Verbindungen   63

D. Zusammenfassung   87

E. Literatur und Anmerkungen   90

F. Kristallographischer Teil   101

A. Einleitung

Eines der wesentlichen Ziele chemischer Forschung ist es, die im Labor herausgearbeiteten Ergebnisse auf die Praxis zu übertragen. So ist beispielsweise die Suche nach effizienten Synthesen von Substanzen, die erfolgversprechend bei der Prophylaxe und der Therapie von Krankheiten eingesetzt werden können, ein von vielen Forschungsgruppen intensiv bearbeitetes Feld[1]. In der neueren Forschung werden gerade im Bereich der supramolekularen Chemie[2] Ergebnisse erwartet, die unter anderem in der Pharmazie und in der Photoelektronik[2e] sinnvoll eingesetzt werden können. Oft jedoch ist für die präparativ arbeitenden Chemikerinnen und Chemiker die konkrete Anwendung ihrer Ergebnisse nicht einmal ansatzweise zu erkennen; besonders dann, wenn sie sich in Grundlagenforschung vertieft haben. Trotzdem ist dieser Bereich chemischer Forschung keine Spielerei im Elfenbeinturm, sondern vielmehr eine breite Basis, auf der große Teile angewandter Forschung aufbauen.

Die Synthese gespannter, reaktiver Kleinringverbindungen sowie die Untersuchung ihrer Eigenschaften ist sicherlich ein repräsentatives Beispiel für Grundlagenforschung, die einen geschätzten Platz innerhalb der Organischen Chemie hat. So sind, um nur einige wenige Beispiele zu nennen, die Synthesen gespannter Moleküle wie Tetra-*tert*-butylcyclobutadien (**1**)[3], Cuban (**2**)[4], [1.1.1]Propellan (**3**)[5], Tetra-*tert*-butyltetrahedran (**4**)[6] und

Dodecahedran (5)[7] unbestreitbar Höhepunkte der Organischen Chemie. Die Palette der gespannten, reinen Kohlenwasserstoffe ist innerhalb der letzten Jahre durch Moleküle erweitert worden, die zusätzlich Silicium, das nächste homologe Element des Kohlenstoffs, enthalten[8]. Darüber hinaus hat sich mittlerweile eine selbständige, auf Silicium fußende Chemie der ungesättigten Verbindungen und der gespannten Ring- und Käfigmoleküle etabliert[9]. Die Suche nach ungesättigten, siliciumhaltigen Molekülen, die der sog. "Doppelbindungsregel"[10] nicht mehr folgen, führte zu Synthesen von Disilenen (Disilaethenen) 6a[11], Silaallenen 7[12], Silenen (Silaethenen) 8[13] sowie weiteren Verbindungen mit Silicium–Heteroatomdoppelbindungen wie Silaiminen[14], Silathionen[15], Silaphosphenen[16] und Silaarsenen[17]. Mit ähnlichem synthetischen Geschick sind hochgespannte, oligocyclische Systeme[9] wie beispielsweise Octasilacubane 9[18] oder Tetrasilatetrahedran 10[19] dargestellt und isoliert worden. Bei derartig reaktiven Molekülen wird die kinetische Stabilisierung durch sperrige Substituenten am Silicium ausgenutzt, die die reaktiven Zentren sterisch abschirmen[20].

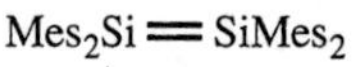

$$Mes_2Si = SiMes_2$$

6a

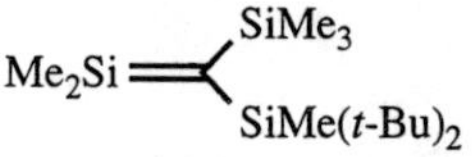

$$Me_2Si = \begin{array}{c} SiMe_3 \\ SiMe(t\text{-}Bu)_2 \end{array}$$

8

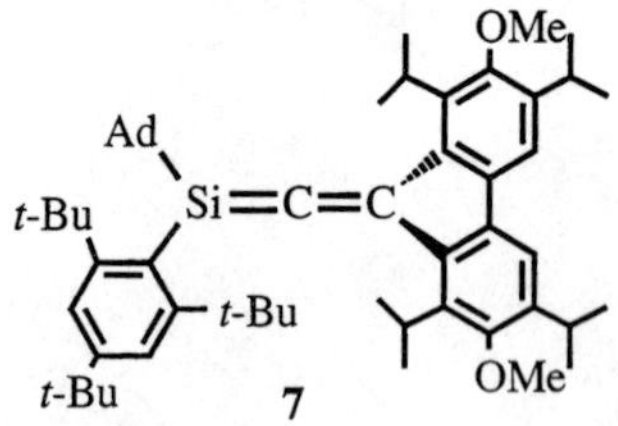

7

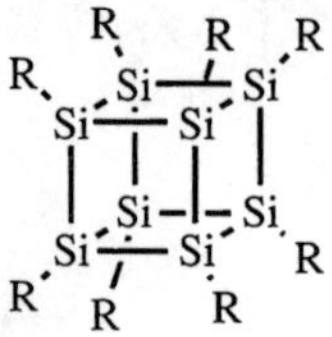

9

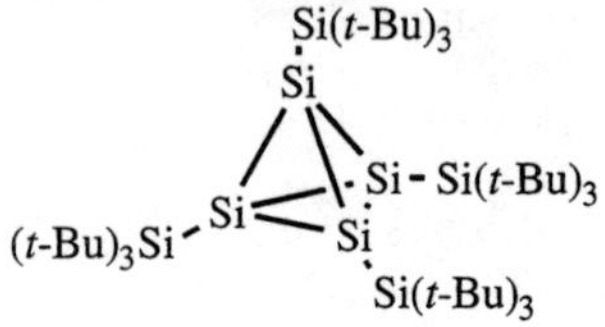

10

Die strukturellen Unterschiede zwischen ungespannten, gesättigten Kohlenstoffverbindungen und deren Siliciumanaloga sind eher gering[21]. Viele Versuche, sowohl präparativ als auch auf der Grundlage von Rechnungen[22] oder physikalischen Meßdaten[23] besondere Eigenschaften des Siliciums im Vergleich zum Kohlenstoff herauszuarbeiten, setzen sich eher mit reaktiven und ungesättigten Molekülen auseinander, da in diesen Fällen deutliche Unterschiede auftreten[24]. Dabei ist innerhalb der letzten zehn Jahre eine Eigenschaft immer wieder zum Gegenstand der Untersuchungen gemacht worden, die Silicium in markanter Weise vom Kohlenstoff unterscheidet und die zu einer unterschiedlichen Struktur und Reaktivität homologer Moleküle führt: Da die Atomorbitale des Siliciums diffuser sind und eine größere Raumausdehnung haben als die des Kohlenstoffatoms, kann Silicium seine Koordinationszahl von vier auf fünf oder sechs erhöhen[25]. Begünstigend kommt dabei die Eigenschaft des Siliciums hinzu, daß der Energieaufwand für die Hybridisierung, die mit der Aufweitung der Koordinationssphäre einhergeht, gering ist[26]. Die Existenz stabiler, hochkoordinierter Kohlenstoffverbindungen wurde lange Zeit für unmöglich gehalten, jedoch gibt es mittlerweile auch dafür einige Beispiele[27]. In der Siliciumchemie wird die Stabilität hochkoordinierter Strukturen durch die große Anzahl derartiger Verbindungen dokumentiert, die bislang als ionische oder neutrale Substanzen isoliert wurden[28]. Die Frage, inwieweit energetisch tiefliegende d-Orbitale des Siliciumatoms an den Bindungen in hochkoordinierten Siliciumverbindungen beteiligt sind, konnte bislang noch nicht eindeutig beantwortet werden; aber die Auffassung, daß die d-Orbitale nur einen unwesentlichen Einfluß auf die Bindungssituation in hochkoordinierten Siliciumverbindungen haben, scheint sich allgemein durchzusetzen[22].

11   **12**   **13**

Hochkoordinierte Siliciumverbindungen sind innerhalb der letzten Dekade eingehend untersucht worden[29]. Die Fähigkeit zur Aufweitung der Koordinationssphäre ist nicht nur auf gesättigte Siliciumverbindungen beschränkt; denn auch die Basenkoordination an ungesättigten oder niedervalenten Siliciumverbindungen[30] ist möglich. So wurde etwa gezeigt, daß Lewisbasen wie beispielsweise Amine mit dem freien Elektronenpaar des Stickstoffatoms an das Siliciumzentrum reaktiver Verbindungen wie etwa Silenen[31], Silaiminen[32] oder Silandiyl-Übergangsmetallkomplexen wie beispielsweise 11 koordiniert[33]. Im letzteren Fall wurde das Prinzip der intramolekularen Koordination, das bereits erfolgreich bei der Synthese stabilisierter Verbindungen von Platin, Palladium, Zinn und Lithium genutzt wurde[34], besonders effektiv bei der Synthese hochkoordinierter Siliciumverbindungen eingesetzt[33]. Chelatisierende Substituenten wie beispielsweise die 2-(Dimethylaminomethyl)phenyl- (12) oder 8-Dimethylaminonaphtyl-Substituenten (13) haben sich dafür als besonders geeignet erwiesen. Viele Studien hochkoordinierter Verbindungen beschäftigen sich im wesentlichen mit deren Struktur; über das chemische Verhalten solcher Verbindungen sind momentan noch zu wenig Untersuchungen durchgeführt worden, um mit den Ergebnissen ein in sich konsistentes Bild dieser Chemie zu erstellen. Eine Möglichkeit, die bisherigen Ergebnisse sinnvoll zu ergänzen, ist die systematische Untersuchung des chemischen Verhaltens potentiell hochkoordinierter, reaktiver Siliciumverbindungen gegenüber funktionellen Gruppen. Silandiyle[35], die Siliciumhomologe der Carbene, dürften dafür eine geeignete Verbindungsklasse darstellen, da bereits experimentell bestätigt wurde, daß Lewisbasen an diese reaktiven Intermediate koordinieren[36]. Neben der Ausbildung einer dativen Bindung ist auch eine Ylidbildung zwischen Silandiylen und Lewisbasen beobachtet worden[37]. Die Reaktivität von Silandiylen ist Gegenstand vieler Untersuchungen[38]. Mittlerweile ist sogar die Synthese eines isolierbaren, sowohl sterisch als auch elektronisch stabilisierten Silandiyls 14 gelungen[39]. Im Gegensatz zu Carbenen[40] befinden sich alle bislang bekannten Silandiyle ausschließlich im Singulett-Grundzustand[41]. Darüber hinaus gibt es in der Kohlenstoffchemie sehr wohl nucleophile Carbene, wohingegen diese Eigenschaft bei Silandiylen bislang noch nicht beobachtet wurde[42]. In einem hochkoordinierten Silandiyl wie 15 sollte das freie Elektronenpaar des Aminstickstoffatoms die Elektronenlücke des Silandiyls zumindest partiell absättigen und damit eine von bislang untersuchten Silandiylen unterschiedliche elektronische Situation am Silicium bewirken. Das daraus resultierende schwächer elektrophile bis eventuell nucleophile Verhalten dieses Silandiyls dürfte eine von herkömmlichen elektrophilen Silandiylen verschiedene Reaktivität zur Folge haben.

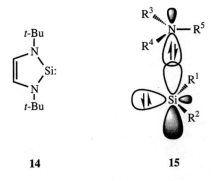

14   **15**

Ein möglicher Zugang zu einem potentiell hochkoordinierten Silandiyl wurde kürzlich erschlossen[43]: Belzner konnte zeigen, daß durch Kupplung des hochkoordinierten Diaryldichlorsilans **16** das Cyclotrisilan **17a** zugänglich ist; und erste Untersuchungen über das Verhalten dieses Cyclotrisilans haben gezeigt, daß es unter milden, thermischen Bedingungen mit 2,2'-Bipyridyl oder Benzil quantitativ zu den formalen Abfangprodukten des Silandiyls **20a** abreagierte (Schema 1). Dies entspricht einer bis dahin präzedenzlosen Spaltung *aller* Si–Si-Bindungen im Cyclotrisilan **17a**. Ob jedoch diese Reaktionen tatsächlich über ein freies Silandiyl ablaufen, blieb noch ungeklärt. Andere bekannte Cyclotrisilane wie beispielsweise das sehr gut untersuchte **17b** reagieren unter Bindungsbruch nur einer oder zwei Si–Si-Bindungen. Im letzteren Fall werden photolytisch ein Silandiyl **20b** und ein Disilen **6b** gebildet (Schema 2) und mit entsprechenden Abfangreagenzien nachgewiesen[44].

Ziel dieser Arbeit soll daher sein, die Reaktivität des Cyclotrisilans **17a** zu untersuchen und die Unterschiede zu anderen Cyclotrisilanen, die keinen potentiell hochkoordinierenden Substituenten tragen, herauszuarbeiten. Dabei soll genauer erörtert werden, ob tatsächlich das hochkoordinierte Silandiyl **20a** die reaktive Zwischenstufe bei den Reaktionen von **17a** ist. Neben einer genauen Strukturanalyse des Cyclotrisilans **17a** wird die Untersuchung der Reaktivität gegenüber Abfangreagenzien als eine Möglichkeit genutzt werden, die Eigenschaften von **17a** bzw. **20a** weiter zu bestimmen und den bislang bekannten Reaktionen anderer Cyclotrisilane und Silandiyle gegenüberzustellen, so daß über den mechanistischen Aspekt der Silandiylübertragung hinaus auch weitere Einsichten in die Chemie hochkoordinierter Siliciumverbindungen erwartet werden.

Schema 1.

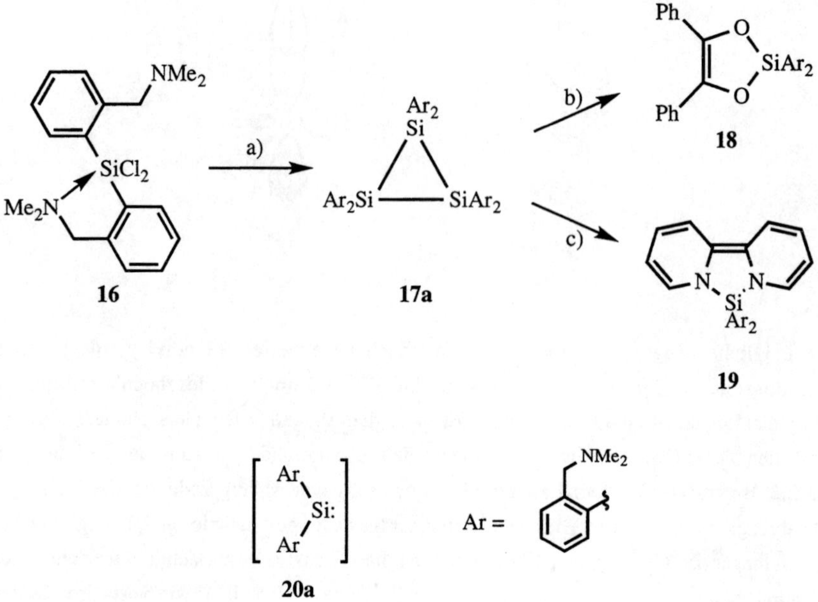

a) Mg, THF, Raumtemp.; b) Benzil, Toluol, 40 °C; c) 2'2-Bipyridyl, Toluol, 40 °C

Schema 2.

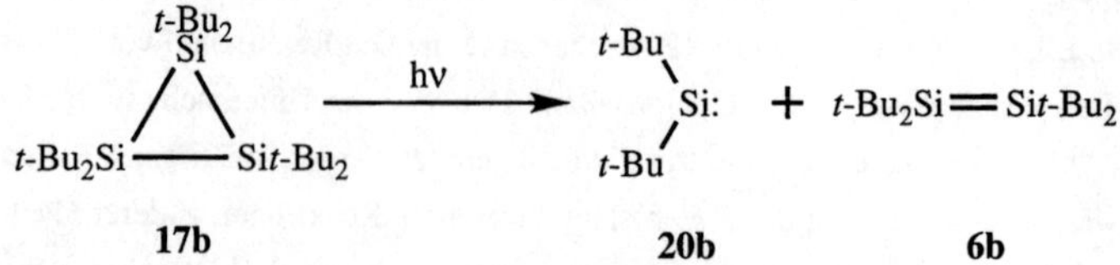

B. Hauptteil

1. Struktur des Cyclotrisilans 17a in Lösung und im Festkörper

Cyclotrisilane verdanken ihre Bildung und ihre Stabilität den raumbeanspruchenden Substituenten am Siliciumatom[20a]. Sperrige Aryl- oder Alkylsubstituenten sind erfolgreich zur Synthese stabiler Cyclotrisilane eingesetzt worden, und bei den verwendeten Arylsubstituenten schien bislang die Alkylsubstitution an der 2- und 6-Position des Phenylringes ein wichtiges Strukturelement für die sterische Stabilisierung zu sein[9b]. Um so erstaunlicher ist deshalb die Stabilität des Cyclotrisilans 17a, dessen Arylsubstituenten lediglich an der 2-Position des Phenylringes substituiert sind. Da das Cyclotrisilan 17a darüber hinaus eine von anderen Cyclotrisilanen abweichende Reaktivität aufweist (s. Einleitung), schien eine genauere Untersuchung der Struktur in Lösung und im Festkörper sinnvoll zu sein. Damit sollte genauer geklärt werden, ob das Cyclotrisilan 17a seine Stabilität und seine ungewöhnliche Reaktivität der Koordination der Aminostickstoffatome an die Siliciumzentren des Dreiringes zu verdanken hat.

17a	R = 2-(Me$_2$NCH$_2$)C$_6$H$_4$
17b	R = t-Bu
17c	R = 2,6-Me$_2$C$_6$H$_3$
17d	R = 2,4,6-Me$_3$C$_6$H$_2$
17e	R = 2,6-Et$_2$C$_6$H$_3$
17f	R^1 = 2,4,6-Me$_3$C$_6$H$_2$,
	R^2 = O-(2,6-i-Pr$_2$C$_6$H$_3$)
17g	R = H
17h	R = 2-(Me$_2$NCH$_2$)-5-MeC$_6$H$_4$

Eine wesentliche Eigenschaft von Cyclotrisilanen ist die Absorption im UV-Spektrum, die beispielsweise für die perarylierten Cyclotrisilane 17c–e zwischen λ = 340 – 390 nm liegt[9b]. Im UV/VIS-Absorptionsspektrum von 17a in Hexan/THF wurde eine Absorption bei λ = 368 nm (log ε = 3.4) beobachtet. Damit unterscheidet sich 17a bezüglich seines Elektronenspektrums nicht von den bislang untersuchten perarylierten Cyclotrisilanen 17c–e. Eine zusätzliche Möglichkeit zur Untersuchung der Eigenschaften von 17a in Lösung bietet die

NMR-Spektroskopie. Hier liefert die Verschiebung der Signale im ^{29}Si-NMR-Spektrum einen eindeutigen Hinweis auf die elektronische Situation am Siliciumkern, wie sie z. B. bei hochkoordinierten Siliciumverbindungen vorliegt[45]: Normalerweise wird eine Verschiebung des Signals um ungefähr 40 ppm und mehr zu hohem Feld beobachtet, wenn der Siliciumkern eine Koordinationsaufweitung erfährt. Mit einer Verschiebung von δ = –64.7 kommt das Signal des Cyclotrisilans **17a** jedoch in einem für diese Verbindungsklasse typischen Bereich zu liegen. Für ein hochkoordiniertes peraryliertes Cyclotrisilan wäre eine Verschiebung von $\delta \approx$ –100 zu erwarten gewesen. In Lösung gibt es damit keinen Hinweis auf höher koordinierte Siliciumatome im Cyclotrisilan **17a**.

Da nun die Ergebnisse der Strukturuntersuchung von **17a** in Lösung keine signifikanten Unterschiede zu anderen perarylierten Cyclotrisilanen aufgewiesen haben, schien eine ergänzende Strukturuntersuchung im Festkörper sinnvoll zu sein. Im Rahmen dieser Arbeit ist es gelungen, für eine Röntgenstrukturuntersuchung brauchbare Einkristalle aus n-Hexan/THF zu züchten. **17a** kristallisiert mit zwei unabhängigen Molekülen (**A** und **B**) in der asymmetrischen Einheit (Abb. 1). Die in Lösung gefundenen Ergebnisse werden auch im Festkörper bestätigt: Sowohl in **17a** (**A**) als auch in **17a** (**B**) ist keine koordinative Wechselwirkung zwischen den Aminostickstoffatomen und den Siliciumkernen zu beobachten. Die Struktur **17a** (**A**) weist mit innerhalb der Fehlergrenze gleich langen Si–Si-Bindungslängen die Idealgeometrie eines gleichseitigen Dreiecks auf, während in **17a** (**B**) geringfügige Abweichungen davon auftreten. Der geringe Raumbedarf des 2-(Dimethylaminomethyl)phenyl-Substituenten wird belegt durch eine vergleichsweise geringe Aufweitung der endocyclischen Bindungslängen: Die Si–Si-Bindungslängen in **17a** (**A**) liegen zwischen 235.3(2) und 237.3(2) pm und sind damit kürzer als fast alle Bindungslängen, die im Festkörper für Cyclotrisilane ermittelt wurden (Abb. 2). Damit nähern sie sich weiter den berechneten Si–Si-Bindungslängen des Grundkörpers **17g** an (233–234 pm)[46]. Lediglich das aryloxy-substituierte Cyclotrisilan **17f** weist mit 234.2 pm für eine Si–Si-Bindung einen kürzeren endocyclischen Bindungsabstand auf[47]; aber inwieweit dieses Phänomen eine Eigenschaft des Oxysubstituenten ist, wurde noch nicht geklärt. Die gemittelte Bindungslänge beträgt in dem Cyclotrisilan **17f** 237.6 pm. Das bislang einzig andere im Festkörper untersuchte perarylierte Cyclotrisilan **17c** hat mit 240.7 pm eine längere Si–Si-Bindung als **17a**. Die Ergebnisse der Strukturanalyse im Festkörper zeigen, daß das Cyclotrisilan **17a** weitestgehend ungestört von sterischen Einflüssen der Substituenten am Silicium ist. Darüber hinaus wurde keine Hochkoordination der Siliciumzentren gefunden, so daß in Analogie zu den Ergebnissen der Strukturuntersuchung in Lösung kein wesentlicher Unterschied zu anderen experimentell untersuchten Cyclotrisilanen gefunden wurde, der die ungewöhnlich leicht verlaufende Spaltung aller drei Si–Si-Bindungen erklären könnte. Dies ist jedoch als Hinweis darauf zu verstehen, daß die Koordination der Aminogruppe des 2-(Dimethylaminomethyl)phenyl-Substituenten an das Silicium erst in einem späteren

Reaktionsschritt der Thermolyse von **17a** in Gegenwart von Abfangreagentien zum Tragen kommen dürfte.

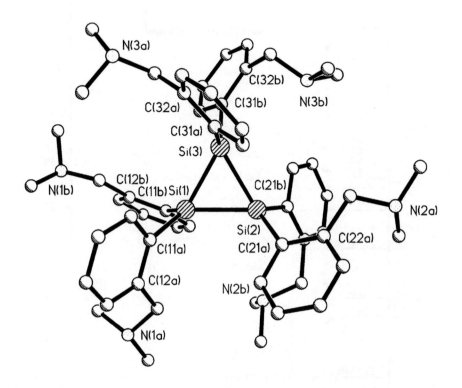

Abb. 1. Struktur von **17a** (**A**) im Kristall; ausgewählte Abstände [pm] (die Werte in den Klammern beziehen sich auf das zweite, nicht gezeigte Molekül **17a** (**B**): Si(1)–Si(2) 235.2(2) [236.4(2)], Si(2)–Si(3) 236.8(2) [235.7(2)], Si(3)–Si(1) 237.2(2) [235.6(2)], Si–C (gemittelt) 189.2(5) [189.2(5)].

10

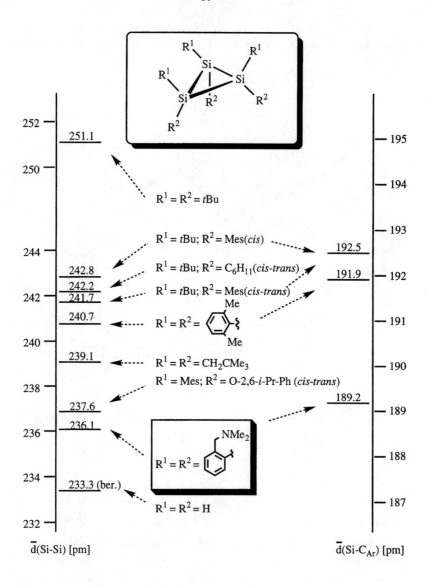

$\bar{d}$(Si-Si) [pm]

$\bar{d}$(Si-C$_{Ar}$) [pm]

Abb. 2. Si–Si- und Si–C-Bindungslängen verschiedener Cyclotrisilane. Die Werte für das rechteckig eingerahmte Cyclotrisilan wurden in dieser Arbeit ermittelt.

2. Reaktionen des Cyclotrisilans 17a mit Alkinen

In einer Cycloaddition von Silandiylen an Alkine entstehen Silacyclopropene (Silirene) als Primärprodukte, die in einigen Fällen isoliert wurden[48]. Ein bemerkenswert stabiles Silacyclopropen ist durch Photolyse eines Alkinyldisilans dargestellt worden[49]. Silacyclopropene sind oft instabil, und eine häufig beobachtete Folgereaktion ist die formale Dimerisierung zu einem 1,4-Disilahexadien[50].

Da die Silandiyluntereinheit Ar_2Si unter verhältnismäßig milden Bedingungen vom Cyclotrisilan **17a** übertragen wird, lag die Vermutung nahe, daß in einer Reaktion mit Alkinen isolierbare Silacyclopropene dargestellt werden können. Erwärmen einer Lösung des Cyclotrisilans **17a** mit einem Überschuß des jeweiligen Alkins **21a–e** bzw. mit drei Äquivalenten **21f** in Toluol oder C_6D_6 für 4 h auf 50 °C ergab nach Abkondensieren aller flüchtigen Bestandteile i. Vak. quantitativ die Silacyclopropene **22a–f** als hellgelbe bis farblose Öle, die sehr luft- und feuchtigkeitsempfindlich sind (Schema 3). In dieser bemerkenswert sauberen Reaktion wurden erstmals Silacyclopropene, **22a** und **22b**, isoliert, die an der Vinylposition ein Proton tragen. Ein an der Doppelbindung unsubstituiertes Silacyclopropen ist kürzlich von Sander et al. in einer Argonmatrix bei 10 K dargestellt und IR-spektroskopisch untersucht worden[51].

Schema 3.

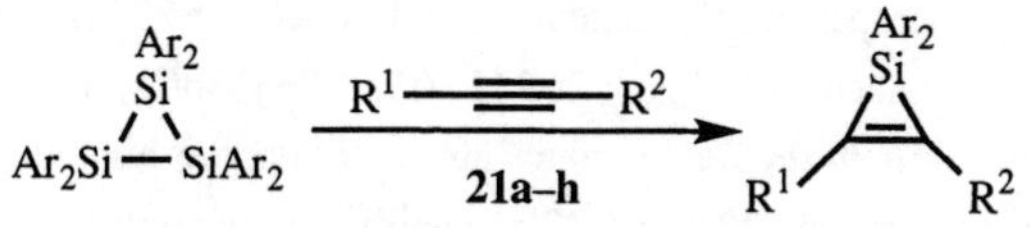

Ar = $2\text{-}(Me_2NCH_2)C_6H_4$; **a**: $R^1 = n\text{-}Pr$, $R^2 = H$; **b**: $R^1 = SiMe_3$, $R^2 = H$; **c**: $R^1\text{--}R^2 = -(CH_2)_6-$; **d**: $R^1 = R^2 = SiMe_3$; **e**: $R^1 = Ph$, $R^2 = Me$, **f**: $R^1 = R^2 = Ph$, **g**: $R^1 = Ph$, $R^2 = H$, **h**: $R^1 = R^2 = H$

Ein Gleichgewicht zwischen Silandiyl/Alkin und dem Silacyclopropen, wie es für das homologe Stannandiyl bei der Reaktion mit Acetylenen gefunden wurde[52]], ist bei der Reaktion von **17a** mit Alkinen nicht beobachtet worden. So konnte beispielsweise unter thermischen Bedingungen kein Silandiyl von **22c** auf 2,2'-Bipyridyl unter Bildung von **19** übertragen werden. Auch nach Zugabe von $W(CO)_6$ wurde die von Ishikawa et al. unter diesen

Bedingungen beobachtete Silandiylübertragung von einigen Silacyclopropenen auf geeignete Abfangreagentien[53] nicht gefunden.

Die Identifizierung der Produkte **22a–22f** erfolgte in erster Linie über die charakteristische Verschiebung der Signale im ^{29}Si-NMR-Spektrum, die zwischen $\delta = -105$ und -116 liegen. Diese markante, bislang noch nicht hinreichend erklärte Hochfeldverschiebung ist bereits bei anderen Silacyclopropenen beobachtet worden und ist ein eindeutiger analytischer Nachweis für diese Substanzklasse[45]. Gleichzeitig wird eine deutliche Tieffeldverschiebung sowohl für die vinylischen Protonen von **22a** und **22b** ($\delta = 8.60$ bzw. 10.13) als auch für die vinylischen Kohlenstoffatome aller Silacyclopropene ($\delta = 145-200$ ppm) beobachtet. Im Arbeitskreis von Y. Apeloig konnten die ^{29}Si-NMR-Verschiebungen mit IGLO/Basis II-Rechnungen am 1,1-Dimethylsilacyclopropen reproduziert werden[54]. Es wäre naheliegend, die Ursache für die signifikanten Verschiebungen im ^{1}H- und ^{29}Si-NMR-Spektrum mit einer Delokalisierung der π-Elektronen über die freien d-Orbitale des Siliciumatoms zu erklären. Dies wäre der elektronischen Situation von Cyclopropenium-Kationen vergleichbar. Die Ergebnisse von Apeloig et al.[54] konnten aber einen quasi-aromatischen Zustand bei Silacyclopropenen zumindest auf der Grundlage von Rechnungen ebensowenig bestätigen wie die Untersuchungen von Barthelat et al.[55]. Vielmehr scheinen die ^{29}Si-NMR-Hochfeldverschiebungen bei Silacyclopropenen wie auch bei Silacyclopropanen eine Folge der ungewöhnlichen Bindungsverhältnisse gespannter Siliciumverbindungen zu sein. Dieses Phänomen ist bislang noch nicht befriedigend erklärt worden.

Die C-H-Kopplungskonstanten von C-3 in **22a** und **22b** sind mit 166 und 171 Hz wesentlich kleiner als die bei Cyclopropenen gefundenen, die im Bereich von 220 Hz und höher liegen[56]. Cyclopropeniumionen haben mit $^1J_{CH} = 265$ Hz (für C$_3$H$_3$+SbCl$_6$−)[57] eine noch größere Kopplungskonstante. *Ab initio* Rechnungen an der Stammverbindung zeigen eine gute Übereinstimmung mit den für **22a** und **22b** bestimmten Kopplungskonstanten[58]. Die Hauptursache für die im Vergleich zu Cyclopropenen kleine Kopplungskonstante der Silacyclopropene dürfte der Spannungsabbau durch Ersatz von Kohlenstoff durch das größere Silicium und die damit einhergehende Abnahme des s-Anteils an der Hybridisierung des Vinylkohlenstoffatoms sein[59,60].

Die Luft- und Feuchtigkeitsempfindlichkeit der Silacyclopropene wird dokumentiert durch die Schwierigkeit, befriedigende Massenspektren und Elementaranalysen zu erhalten. Proben der Silacyclopropene, die ^{1}H-NMR-spektroskopisch rein waren, gaben in fast allen Fällen ein Massenspektrum, das mit Signalen des entsprechenden Hydrolyseprodukts verunreinigt war. Um daher die Silacyclopropenstruktur von **22a–f** vollständig zu untermauern, wurden **22c** und **22f** exemplarisch zu den entsprechenden Vinylsilanolen **23a** und **23b** hydrolysiert. Versuche, die unsymmetrisch substituierten Silacyclopropene **22a** und **22b** mit Ethanol oder Wasser zu derivatisieren, ergaben nicht auftrennbare Gemische der verschiedenen Regioisomeren.

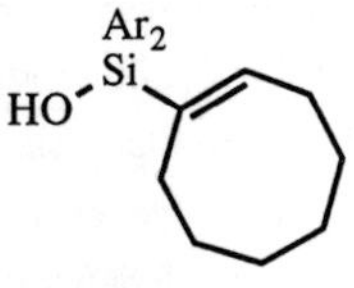

23a 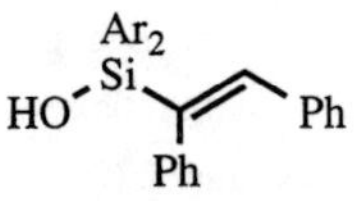 **23b** 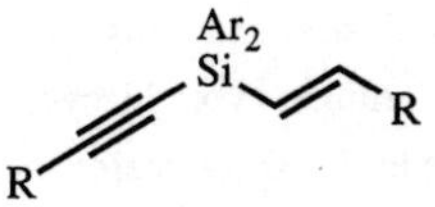 **24a,b**

Ar = 2-(Me$_2$NCH$_2$)C$_6$H$_4$; **24a**: R = Ph; **24b**: R = H

Durch die Reaktion von Phenylacetylen und Acetylen mit **17a** ließen sich die entsprechenden Silacyclopropene nicht isoliert darstellen. Belzner konnte aber mit Hilfe von ^{29}Si-NMR-Spektroskopie und durch Abfangreaktionen nachweisen, daß bei der Reaktion von **17a** mit Phenylacetylen primär das nicht isolierbare Silacyclopropen **22g** gebildet wird, das mit weiterem Phenylacetylen zum 3-Sila-pent-1-en-4-in **24a** weiterreagiert[61]. Eine Folgereaktion von isolierten Silacyclopropenen mit Phenylacetylen zu Eninen wurde bereits von Seyferth et al. beobachtet[62]. Einleiten von Acetylen in eine Lösung von **17a** in THF bei 0 °C und weiteres Rühren bei Raumtemperatur für 24 h ergab nach destillativer Aufarbeitung das Vinylethinylsilan **24b** in 16% Ausbeute. Das ^{29}Si-NMR-Spektrum des Rohgemisches gab keinen Hinweis auf das Vorhandensein des Silacyclopropens **22h**. In Analogie zu der Bildung von **24a** darf jedoch vermutet werden, daß auch bei der Reaktion von Acetylen mit **17a** zunächst das Silacyclopropen **22h** gebildet wird, das mit weiterem Acetylen zu **24b** weiterreagiert. Im Gegensatz zu diesen Ergebnissen wurde unter thermischen Bedingungen (60 °C, 24 h) keine Reaktion der Silacyclopropene **22a** und **22b**, die wie **22g** und **22h** ebenfalls an der Doppelbindung Protonen-substituiert sind, mit Phenylacetylen zu den entsprechenden Eninen beobachtet. Dieses Ergebnis macht deutlich, daß die Instabilität der Silacyclopropene **22g** und **22h** nicht allein mit der Anwesenheit eines vinylischen Protons erklärt werden kann.

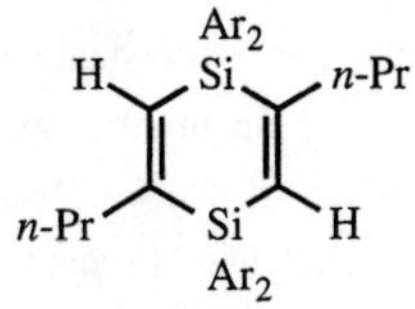

25a 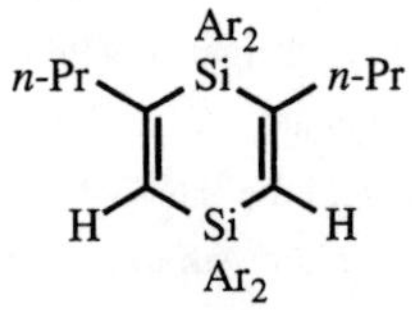 **25b**

Ar = 2-(Me$_2$NCH$_2$)C$_6$H$_4$

Die bei vielen Silacyclopropenen direkt verlaufende Dimerisierung zu 1,4-Disilahexadienen konnte bei **22a** durch Zugabe katalytischer Mengen Pd(PPh$_3$)$_2$Cl$_2$ initiiert werden, wobei 39% des 1,4-Disilahexadiens **25a** isoliert wurden. Die gut untersuchte palladiuminduzierte Dimerisierung[63] von Silacyclopropenen ist nicht repräsentativ für die Silacyclopropene **22a–f**: So wurde beispielsweise bei **22b**, **22c** und **22f** keine Reaktion in Gegenwart von Pd(PPh$_3$)$_2$Cl$_2$ beobachet. Die Bildung des zu **25a** isomeren **25b** kann nicht vollständig ausgeschlossen werden. Obwohl im ^{1}H-NMR-Spektrum jeweils zwei Signale für die benzylischen Protonen und die Dimethylaminomethylgruppen beobachtet werden, die auch bei 60 °C nicht zusammenfallen, und im ^{13}C-NMR-Spektrum zwei Signalsätze für die Dimethyl-aminomethylphenyl-Substituenten vorhanden sind, deutet das ^{29}Si-NMR-Spektrum doch auf **25a** hin. Sowohl in CDCl$_3$ als auch in C$_6$D$_6$ ist nur *ein* scharfes Signal zu erkennen; für **25b** werden zwei Signale erwartet. Da eine Strukturuntersuchung im Festkörper nicht möglich war, ist wegen der gegenläufigen NMR-spektroskopischen Befunde die Struktur des Reaktions-produktes nur unter Vorbehalt zu bestimmen.

Schema 4.

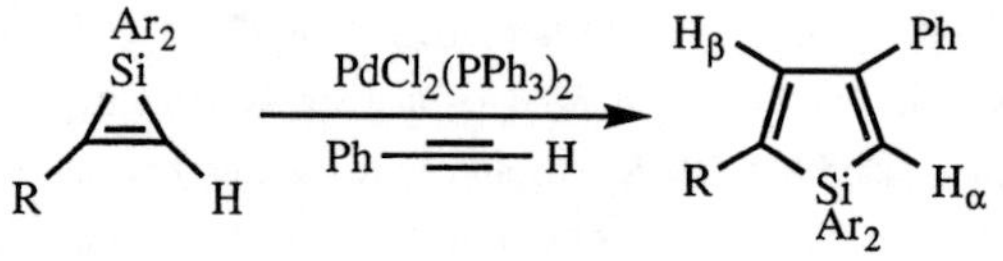

Ar = 2-(Me$_2$NCH$_2$)C$_6$H$_4$; **26a**: R = *n*-Pr; **26b**: R = SiMe$_3$

Unter thermischen Bedingungen (60 °C, 18 h) reagierten **22a** und **22b** nicht wie erwartet[49b] mit Benzophenon. Beim Versuch, die Reaktion von **22a** mit Benzophenon durch Zugabe von Pd(PPh$_3$)$_2$Cl$_2$ zu initiieren, konnte nur das Dimerisationsprodukt **25a** als Reaktionsprodukt isoliert werden. Die Reaktion von **22a** und **22b** mit Phenylacetylen hingegen wurde durch Zugabe katalytischer Mengen Pd(PPh$_3$)$_2$Cl$_2$ ermöglicht, und es entstanden die hydrolyse-stabilen Silacyclopentadiene (Silole) **26a** und **26b** (Schema 4), die in 29% bzw. 44% Ausbeute isoliert wurden. Obwohl die ^{1}H-NMR-Rohspektren auf eine recht saubere Reaktion hinwiesen, konnten bedingt durch die Aufarbeitung nur mäßige bis schlechte Ausbeuten erzielt werden; wahrscheinlich zersetzte sich ein Teil des Produktes bei der Filtration über Aluminiumoxid. Die Struktur von **26a** konnte durch die Verschiebung der Protonen an C-2 und C-4 bestimmt werden, da in Silolen die H$_\alpha$-Protonen relativ zu den H$_\beta$-Protonen signifikant zu höherem Feld verschoben sind[64]. Mit Verschiebungen der vinylischen Protonen in **26a** von $\delta = 6.36$ und $\delta = 7.06$ ist damit sicher, daß die Positionen C-2 und C-4 Protonen-substituiert sind. Mit einem homonuclearen Entkopplungsexperiment wurde weiterhin die Kopplung von H_α mit H_β (d, $^4J = 2$ Hz) und zusätzlich die von H_β mit den α-Methylenprotonen des n-Propyl-substituenten (t, $^4J = 2$ Hz) nachgewiesen, so daß beide Protonen einwandfrei zuzuordnen sind, und die Struktur **26a** für das Reaktionsprodukt resultiert. Eine ähnliche Situation liegt in **26b** vor: Je ein Dublett liegt bei $\delta = 6.65$ und $\delta = 7.70$, die wie die Protonen in **26a** zugeordnet werden. Die Trimethylsilylgruppe scheint das Signal des dazu vicinalen Protons ähnlich stark zu tiefem Feld zu verschieben, wie es in **22b** bereits beobachtet wurde.

Schema 5.

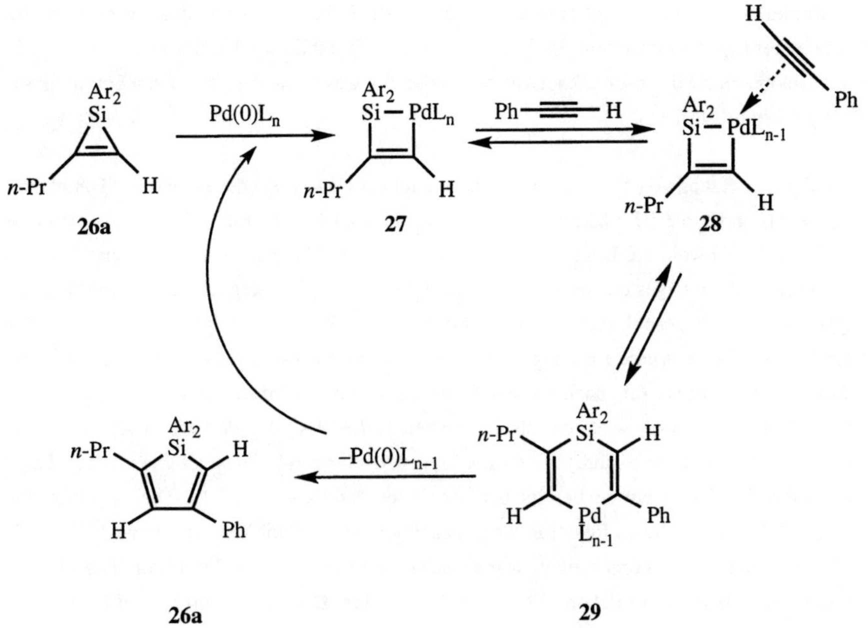

$Ar = 2\text{-}(Me_2NCH_2)C_6H_4$

Die Arbeitsgruppen um Seyferth[65] und Ishikawa[63,66] haben eingehend das Verhalten von Silacyclopropenen gegenüber Palladium- und Nickelkomplexen und die metallkatalysierte

Dimerisierung zu 1,4-Disilahexadienen untersucht. In Gegenwart von Acetylenen wurden unter anderem auch die entsprechenden Silole isoliert. Die Palladium-katalysierte Reaktion von Hexa-*tert*-butylcyclotrisilan (**17b**) mit Phenylacetylen gibt als ein Reaktionsprodukt 2,4-Diphenyl-1,1-di-*tert*-butylsilol[67]. Auch in diesem Fall verläuft die Reaktion vermutlich über ein Silacyclopropen, das anschließend unter Palladiumkatalyse ein weiteres Äquivalent Alkin addiert. Der Reaktionsmechanismus für das metallkatalysierte Verhalten von Silacyclopropenen ist nur ansatzweise geklärt (Schema 5): Einem Vorschlag von Seyferth et al.[65] folgend kann für die Palladium-katalysierte Reaktion von **22a** mit Phenylacetylen die Reduktion des Palladium-(II)-Komplexes durch ein Silacyclopropen zu einer Palladium-(0)-Spezies als einleitender Schritt formuliert werden. Das Palladium(0) insertiert daraufhin oxidativ in die Si–C-3-Bindung unter Bildung des 1-Pallada-2-silacyclobutens **27**. Nach der Koordination von Phenylacetylen an den Palladiumkomplex **27** bildet sich nach der Insertion des Alkins in die Pd–Si-Bindung regioselektiv ein 1-Pallada-4-silahexa-2,5-dien **29**, das zum Silol **26a** reduktiv eliminiert. Das zur Oxidationsstufe 0 reduzierte Palladium kann dann erneut in ein Silacyclopropen insertieren. In Lösung wurde von Ishikawa bereits ein 1-Nickela-2-silacyclobuten NMR-spektroskopisch identifiziert[68], was zumindest den ersten Schritt dieses Mechanismus' stützt.

Bei der Umsetzung von **17a** mit 1.5 Äquivalenten Phenylacetylen oder 1-Pentin in Toluol oder C_6D_6 entstanden die ^{1}H-NMR-spektroskopisch sauberen 1,2-Disilacyclobutene **30a** und **30d** (Schema 6). Obwohl 1,2-Disilacyclobutene auch in einer [2+2]-Cycloaddition eines Disilens mit einem Alkin dargestellt werden[67,69], kann dieser Reaktionsweg im Fall der Bildung von **30a** und **30d** ausgeschlossen werden: Durch ^{1}H-NMR-spektroskopische Kontrolle des Reaktionsverlaufes wurde eindeutig nachgewiesen, daß zunächst die Silacyclopropene **22a** und **22g** gebildet wurden. Erst nach vollständigem Umsatz des Alkins zu den Silacyclopropenen fand die Insertion einer weiteren Silandiyleinheit in die Si–C-Bindung des Silacyclopropens statt. Die Reaktion von Silandiylen mit gespannten, cyclischen Siliciumverbindungen ist lange bekannt[48c,70] und wurde bereits bei der ersten Synthese eines 1,2-Disilacyclobutens diskutiert[71]. Daß dieser Reaktionsweg tatsächlich der Bildung der hier dargestellten 1,2-Disilacyclobutene zugrunde liegt, wurde zusätzlich durch die Reaktion von **17a** mit den isolierten Silacyclopropenen **22b** und **22c** zu den Disilacyclobutenen **30b** und **30c** nachgewiesen (Schema 6).

Die 1,2-Disilacyclobutene **30a–d** wurden hauptsächlich NMR-spektroskopisch charakterisiert: Im Gegensatz zu den bei den Silacyclopropenen beobachteten Hochfeldverschiebungen der Signale im ^{29}Si-NMR-Spektrum kommen die Signale der 1,2-Disilacyclobutene im Bereich zwischen δ = +5 und δ = –15 zu liegen. Die Signale der vinylischen Protonen in **30a** und **30b** sind im Vergleich zu den Silacyclopropenen **22a** und **22b** um etwa 1 ppm zu hohem Feld verschoben. Disilacyclobutene **30a–d** sind luft- und feuchtigkeitsempfindliche Substanzen, die wie alle Vertreter dieser Klasse sehr schnell mit Sauerstoff oder Wasser zu cyclischen Siloxanen reagieren[72]. Gezielte Hydrolyse der Disilacyclobutene führte daher in einer exothermen Reaktion zu den Heterocyclen **31a–d** (Schema 6). Obwohl der Aufbau von 1,2,3-Trisilacyclopentenen aus dem sterisch wenig belasteten Dimethylsilandiyl und einem Disilacyclobuten unter drastischen thermischen Bedingungen (350 °C) bekannt ist[70], blieb der Versuch, durch thermische Reaktion mit **17a** (60 °C) eine weitere Silandiyleinheit in **30a–d** einzuführen, auch nach längeren Reaktionszeiten (3 d) erfolglos. Möglicherweise ist die Ringspannung in den viergliedrigen Ringen nicht mehr ausreichend, so daß ein Spannungsabbau bei der Ringerweiterung, der die Insertion eines Silandiyls **17a** in die Silacyclopropene **22a–c** und **22g** begünstigt, keinen merklichen Energiegewinn mehr zur Folge hat.

Schema 6.

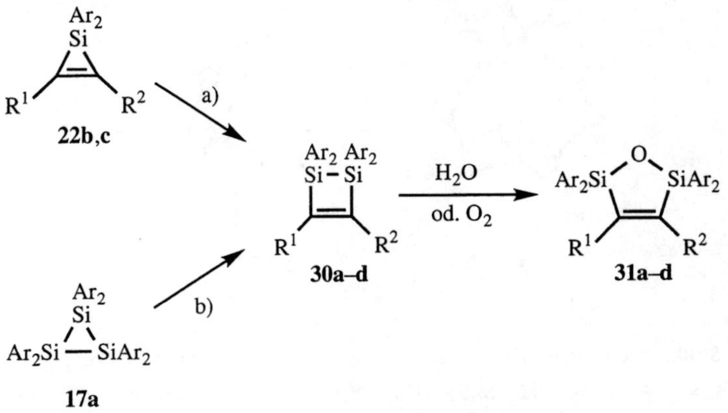

Ar = 2-(Me$_2$NCH$_2$)C$_6$H$_4$; **a**: R^1 = n-Pr, R^2 = H; **b**: R^1 = SiMe$_3$, R^2 = H;
c: R^1–R^2 = –(CH$_2$)$_6$–; **d**: R^1 = Ph; R^2 = H; a) **17a** (3 Äquiv.); b) **21a, g** (1.5 Äquiv.)

Die Luft- und Feuchtigkeitsempfindlichkeit der 1,2-Disilacyclobutene ist ein Grund dafür, daß bislang an keinem der Vertreter dieser Verbindungsklasse eine Röntgenstrukturanalyse durchgeführt werden konnte. Nur von den höheren Homologen der 14. Gruppe wurden bislang Strukturuntersuchungen im Festkörper durchgeführt[52,73]. Im Rahmen dieser Arbeit ist es gelungen, von **30c** Einkristalle zu züchten, die eine Untersuchung der Struktur durch Röntgenbeugung ermöglichten (Abb. 3). Die Struktur von **30c** im Kristall zeigt, daß der viergliedrige

18

Ring mit einer mittleren Abweichung von 1.42 pm annähernd planar ist. Die Si–C- und die Si–Si-Bindungen zeigen eine gute Übereinstimmung mit gewöhnlichen Bindungslängen acyclischer, siliciumorganischer Verbindungen[74]. Auch die C–C-Doppelbindung hat mit 135.7 pm eine vergleichbare Länge wie die im Cyclobuten ermittelte (133 pm)[75]. Der Winkel zwischen einer durch C(1)–C(2)–C(3)–C(8) beschriebenen Ebene (mittlere Abweichung 0.55 pm) und dem Si(1)–Si(2)–C(1)–C(2)-Ring beträgt 3.7°, eine Pyramidalisierung der Brücken-kopfdoppelbindung, die bei sehr gespannten, bicyclischen Brückenkopfolefinen gefunden wurde, wird also nicht beobachtet[76].

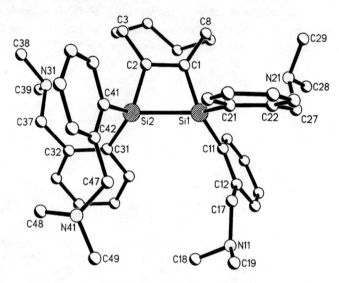

Abb. 3. Struktur von **30c** im Kristall; ausgewählte Abstände [pm] und Winkel [°]: Si(1)–Si(2) 235.9(3), Si(1)–C(1) 188.2(2), Si(2)–C(2) 188.1(2), C(1)–C(2) 135.7(3); C(1)–Si(1)–Si(2) 74.4(1), C(2)–Si(2)–Si(1) 74.7(1), C(2)–C(1)–Si(1) 105.7(2), C(1)–C(2)–Si(2) 105.2(1).

3. Reaktionen des Cyclotrisilans 17a mit Olefinen und Dienen

Den Silacyclopropenen strukturell verwandt sind die Silacyclopropane, die zunächst nur als extrem instabile Zwischenprodukte formuliert wurden[77]. Das erste Silacyclopropan wurde 1972 durch intramolekularen Ringschluß eines acyclischen Vorläufers dargestellt[78]. Die Addition von Silandiylen an Olefine sowie die reduktive Eliminierung von Dihalogensilanen in Gegenwart von Olefinen haben sich daneben als effiziente Methoden zur Synthese von Silacyclopropanen erwiesen[79,80].

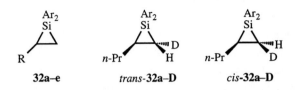

$Ar = 2\text{-}(Me_2NCH_2)C_6H_4$; **a**: $R = n\text{-}Pr$; **b**: $R = n\text{-}Bu$; **c**: $R = SiMe_3$; **d**: $R = Ph$; **e**: $R = OBn$

Nach dem Erwärmen einer Lösung von **17a** mit einem ca. 10-fachen Überschuß von 1-Penten oder 1-Hexen wurden nach Abkondensieren aller leicht flüchtigen Komponenten die ^1H-NMR-spektroskopisch sauberen Silacyclopropane **32a** und **32b** isoliert. Die Reaktion mußte in konzentrierter Lösung (>0.1 mol/L) durchgeführt werden. Versuche, diese Reaktion in verdünnter Lösung in Toluol zu reproduzieren, ergaben sehr komplexe Produktgemische, die nicht aufzutrennen waren. Weiterhin war der Überschuß des Olefins für den Umsatz der Reaktion unerläßlich. Wurde die Reaktion mit den für die Stöchiometrie ausreichenden 3 Äquivalenten des Olefins durchgeführt, entstand ein Gemisch aus **17a**, Olefin und **32a** bzw. **32b**. Auch nach längeren Reaktionszeiten ließ sich unter diesen Bedingungen die Reaktion nicht zum Abschluß bringen. Dieses Reaktionsverhalten war ein Hinweis auf eine Gleich-gewichtsreaktion zwischen **17a** und **32a**, die sich tatsächlich experimentell nachweisen ließ: Erwärmen einer konzentrierten Probe von reinem **32a** in C_6D_6 für 5.5 h bei 40 °C ergab ein Gemisch aus **17a**, **32a** und 1-Penten, deren Verhältnis ^1H-NMR-spektroskopisch zu 1 : 1 : 3 bestimmt wurde. Das Silacyclopropan **32b** ging unter gleichen Bedingungen ebenfalls eine Rückreaktion zu **17a** und 1-Hexen ein. Ein derartiges Gleichgewicht wurde bislang nur für das System Stannandiyl – Distannen – Cyclotristannan gefunden[81]. In der siliciumorganischen Chemie ist es beispiellos und kann durch folgenden Mechanismus, bestehend aus drei einzelnen Gleichgewichtsschritten, hinreichend erklärt werden (Schema 7): Im ersten Schritt zerfallen die Silacyclopropane **32a** bzw. **32b** in einer Cycloreversion zu dem Silandiyl **20a** und dem Alken. Anschließend kombinieren zwei Silandiyle zu dem vermutlich instabilen Disilen **33**, das in einem weiterem Reaktionsschritt ein Silandiyl **20a** unter Bildung des Cyclotrisilans **17a** addiert. Obwohl dieser Mechanismus nicht bewiesen ist, kann doch jeder der formulierten Schritte plausibel gemacht werden. Der thermische Zerfall eines Silacyclopropans in ein Silandiyl und Alken ist schon seit den Untersuchungen von Seyferth et al. am Hexamethylsilacyclopropan bekannt[82]. Um nachzuweisen, daß eine Cycloreversion auch von **32a** eingegangen wird, wurde **32a** in Gegenwart von 1-Pentin erwärmt, und das Silandiyl **20a** wurde unter Bildung des Silacyclopropens **22a** abgefangen. Die Kombination zweier Silandiyle zu einem Disilen, wie sie im zweiten Reaktionsschritt beschrieben wird, war der erste Syntheseweg, der stabile Disilene erst zugänglich gemacht hat[83], und über ein sterisch extrem belastetes Disilen, das im Sinne einer vorgeschalteten Dissoziation Silandiylreaktionen eingeht, wurde kürzlich berichtet[84]. Darüber hinaus haben Rechnungen für den Angriff eines H_2O-Moleküls an Disilen ergeben, daß zusätzlich zu dem Angriff an das π-System auch die Si–Si-σ-Bindung unter Bildung eines H_2O-Silandiyl-Komplexes geschwächt wird[85]. Eine derartige baseninduzierte Reaktion ist intramolekular auch beim Disilen 33 durch den 2-(Dimethylaminomethyl)phenyl-Substituenten denkbar, so daß das Gleichgewicht zwischen zwei basenkoordinierten Silandiylen 20a und dem Disilen 33 auf Grundlage dieser Rechnungen durchaus möglich erscheint und im Gegensatz zum allgemein beobachteten Fall auf der Seite der Silandiyle liegt. In Analogie zu dem abschließenden Schritt ist die Addition eines Silandiyls an ein Disilen zu einem Cyclotrisilan vor kurzem vorgeschlagen worden[12].

Schema 7.

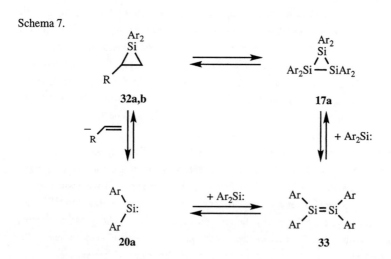

Ar = 2-$(Me_2NCH_2)C_6H_4$; 32a: R = n-Pr; 32b: R = n-Bu

Für den Reaktionsweg vom Silacyclopropen 32a zum Cyclotrisilan 17a gilt wie für alle Reaktionen im Gleichgewichtszustand das Prinzip der mikroskopischen Reversibilität. Die dieser Arbeit zugrunde liegende Frage, auf welchem Reaktionsweg das Silandiyl 20a vom Cyclotrisilan auf das Substrat übertragen wird, ist damit zumindest für die Silacyclopropanbildung eindeutig geklärt: Die reaktive Komponente, die bei Reaktionen des Cyclotrisilans 17a

21

intermediär gebildet wird, ist das Silandiyl **20a**. Da neuere Rechnungen zeigen, daß ein Silandiyl tatsächlich eine Stabilisierung durch die Koordination eines Amins erfährt[86], bedarf es einer experimentellen Untersuchung, inwiefern eine intramolekulare Koordination des 2-(Dimethylaminomethyl)phenyl-Substituenten an das Silicium auch das Silandiyl **20a** stabilisiert und damit dessen Eigenschaften bestimmt. Dies wird in einem späteren Kapitel (Kap. 7) geklärt werden.

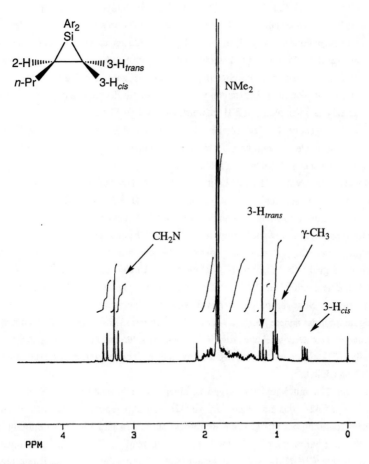

Abb. 4. ^{1}H-NMR-Spektrum von **32a**

Die Silacyclopropane **32a** und **32b** sind luft- und feuchtigkeitsempfindliche, farblose Öle. Die Struktur wurde eindeutig durch die für Silacyclopropane charakteristischen Hochfeldverschiebungen der Signale im ^{29}Si-NMR-Spektrum (**32a**: $\delta = -76.6$; **32b**: $\delta = -76.8$) belegt. Wie bei den Silacyclopropenen **22a–f** konnten auch diese Werte auf Grundlage von IGLO/-Basis II-Rechnungen reproduziert werden[54]. Die in Kapitel 2 diskutierte Korrelation von Hochfeldverschiebung und Ringspannung wird auch hier beobachtet, da mit der Abnahme der Ringspannung von den Silacyclopropenen zu den Silacyclopropanen eine Verschiebung um $\Delta\delta = 30$–40 zum tieferen Feld einhergeht. Zusätzlich wird die cyclische Struktur der Verbindungen **32a** und **32b** durch die ^{1}H-NMR-Verschiebungen und Kopplungen der Ringprotonen belegt, wie es am ^{1}H-NMR-Spektrum von **32a** beispielhaft gezeigt werden kann (Abb. 4): Die beiden Protonen an C-3 im Silacyclopropan **32a** zeigen Signale bei $\delta = 0.60$ und $\delta = 1.18$; das Signal des Protons an C-2 wird von dem Multiplett der Methylengruppen des n-Propylsubstituenten überlagert. Das Signal bei $\delta = 0.60$ ist zu einem Dublett vom Dublett aufgespalten, das die Kopplungskonstanten von $^2J = 11$ Hz für die geminale Kopplung sowie $^3J = 7$ Hz für die *trans*-Kopplung zu 2-H aufweist. Dieses Signal ist demnach eindeutig 3-H$_{cis}$ zuzuordnen. Das Signal bei $\delta = 1.18$ ist ebenfalls zu einem Dublett vom Dublett aufgespalten, das neben der geminalen Kopplung ($^2J = 11$ Hz) noch eine *cis*-Kopplung von $^3J = 11$ Hz besitzt. Damit handelt es sich bei diesem Proton um 3-H$_{trans}$.

In einer Reaktion des Cyclotrisilans **20a** mit *cis*-1-Deuterio-1-penten und *trans*-1-Deuterio-1-penten wurden die deuterierten Silacyclopropane *cis*-**32a-D** und *trans*-**32a-D** stereoselektiv gebildet. Die Struktur der Produkte konnte durch ^{1}H-NMR-spektroskopische Untersuchung des Reaktionsgemisches einwandfrei durch die Signalaufspaltungen der Silacyclopropanprotonen im Vergleich zu dem undeuterierten **32a** bestimmt werden. In *cis*-**32a-D** verschwindet das Signal von 3-H$_{cis}$, und das Dublett vom Dublett aus **32a** bei $\delta = 1.17$ für 3-H$_{trans}$ wird zu einem einfachen Dublett mit der *trans*-Kopplung zu 2-H ($^3J = 11$ Hz). In dem *trans*-deuterierten Silacyclopropan *trans*-**32a-D** verschwindet das Signal bei $\delta = 1.17$ vollständig, und für das andere Proton an der Methylengruppe, 3-H$_{cis}$, wird ein Dublett mit $^2J = 11$ Hz gefunden. Der stereoselektive Angriff des Silandiyls **20a** an Olefine belegt, daß es, wie alle Silandiyle[38a], aus einem Singulett-Grundzustand in einer konzertierten Reaktion an die Doppelbindung addiert.

Erwärmen von **17a** mit Vinylsilan ergab in einer ebenfalls quantitativen Reaktion das Silacyclopropan **32c**, das im Gegensatz zu **32a** und **32b** jedoch auch nach längerer thermischen Belastung bei 60 °C keine Retroreaktion zu **17a** und Vinylsilan einging. Die cyclische Struktur wird auch bei **32c** durch die Verschiebung im ^{29}Si-NMR-Spektrum ($\delta = -79.8$) und durch das ^{1}H-NMR-Spektrum belegt (Abb. 5): Für jedes Signal der Ringprotonen wird eine Aufspaltung zu einem Dublett vom Dublett gefunden. Das Proton an C-2 ist wegen seiner α-Stellung zur Trimethylsilylgruppe mit $\delta = 0.22$ zu hohem Feld verschoben und zeigt die erwarteten Kopplungen zu den beiden Protonen an C-3 ($^3J_{cis}$ = 13 Hz, $^3J_{trans}$ = 10 Hz). Die Signale der Methylengruppe liegen bei δ = 0.75 (3-H$_{cis}$) und δ = 0.97 (3-H$_{trans}$) und koppeln mit einer geminalen Kopplungskonstante ^2J = 11 Hz miteinander.

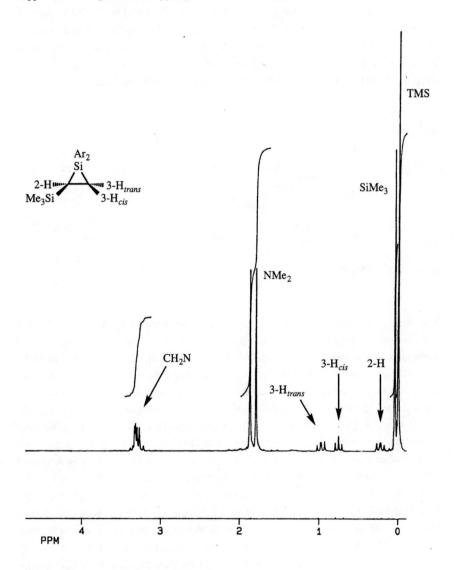

Abb. 5. ^{1}H-NMR-Spektrum von **32c**

Im Gegensatz zu der Reaktion von **17a** mit 1-Penten, 1-Hexen und Vinylsilan wurde bei der Umsetzung mit Benzylvinylether kein isolierbares Silacyclopropan gebildet (Schema 8). Aus einer uneinheitlichen Reaktionslösung wurde durch destillative Aufarbeitung das Vinylsilan **34** in 16% Ausbeute isoliert. Das Strukturelement der Vinylgruppe wird im ^{1}H-NMR-Spektrum durch die Signale bei δ = 6.04, 6.09 und 6.67 belegt, die das für Vinylsubstituenten charakteristische Kopplungsmuster aufweisen. Möglicherweise entsteht im einleitenden Schritt dieser Reaktion tatsächlich das benzyloxysubstituierte Silacyclopropan **32e**, das unter Ringöffnung und 1,2-Verschiebung des Benzyloxysubstituenten zu **34** umlagert.

Schema 8.

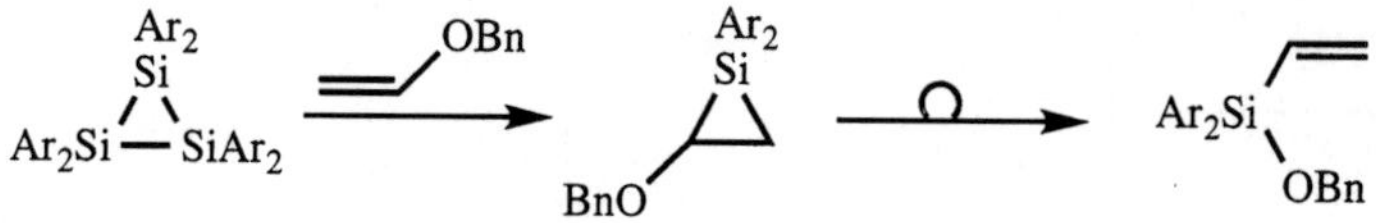

17a   **32e**   **34**

Ar = 2-(Me$_2$NCH$_2$)C$_6$H$_4$

Mit ungespannten, internen Alkenen wie *trans*-3-Hexen, *trans*-Stilben, Cyclooocten, Cyclohexen und Cyclopenten reagierte **17a** nicht. Wenn die interne Doppelbindung hingegen in ein gespanntes System integriert ist, konnte ein internes Olefin durch Addition von **20a** in das entsprechende Silacyclopropan überführt werden. Mit Norbornen reagierte **17a** quantitativ zu dem *exo*-Additionsprodukt **35**. Die Konfiguration an C-2 und C-4 wurde durch NMR-Spektroskopie, vor allem durch ^{1}H,^{1}H-COSY und ^{1}H,^{13}C-COSY, einwandfrei ermittelt (Abb. 6). Die Verschiebung des Multipletts des zum Cyclopropanring *syn*-ständigen Protons der Methylengruppe ist mit δ = 1.31–1.36 etwas zu tiefem Feld verschoben, was wohl darauf zurückzuführen ist, daß es in den Wirkungsbereich des Anisotropiekegels eines Arylrestes gerät[87]. Im 2D-Korrelationsspektrum ist die Kopplung zum geminalen Wasserstoff bei δ = 0.86–0.91, mit dem ein AB-System ausgebildet wird, erkennbar. Das Proton der Methylenbrücke in *syn*-Stellung koppelt schwach mit den *endo*-ständigen Protonen an C-6 und C-7; die gleiche weitreichende W-Kopplung wird für das *anti*-ständige Proton mit den Protonen an C-2 und C-4 beobachtet. Die *exo*-Stellung des Silacyclopropanringes wird dadurch zusätzlich belegt, denn bei einer *endo*-Konfiguration wäre keine Kopplung von 8-H$_{anti}$ mit den

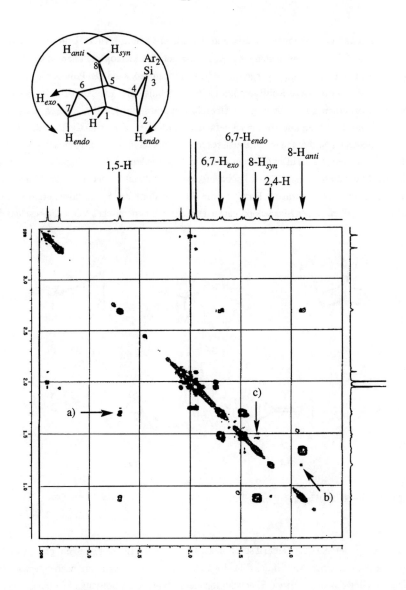

Abb. 6. ^{1}H,^{1}H-COSY-Spektrum von **35** bei 370 K; a) = J (1,5-H–6,7-H$_{exo}$); b) = J (8-H$_{anti}$–2,4-H$_{endo}$); c) = J (8-H$_{syn}$–6,7-H$_{endo}$). – Die Signale bei δ = 2.1, 2.4 und im Bereich von δ = 0.8–1.5 sind den Produkten der bei dieser Temperatur einsetzenden partiellen Retroreaktion zu **17a** und Norbornen zuzuordnen.

dazu *exo*-ständigen Protonen an 2-H und 4-H zu erwarten. Weitere Untermauerung der Struktur von **35** liefert das Fehlen einer Kopplung der Brückenkopfprotonen an C-1 und C-5 mit 2-H und 4-H, die zur entgegengesetzten Seite mit den *exo*-ständigen Protonen von C-6 und C-7 gefunden wird. Diese Konfiguration ist das Ergebnis eines *exo*-Angriffs des Silandiyls **20a** an Norbornen und steht in guter Übereinstimmung mit den Ergebnissen, die für die Reaktion von Carbenen mit Norbornen gefunden wurden[88]. Versuche, Cyclotrisilan **17a** mit 1.5 Äquivalenten Norbornen umzusetzen, resultierten in einem Reaktionsgemisch aus **17a** und **35**. Das erwartete 1,2-Disilacyclobutan wurde nicht gefunden[62]. Eine Silandiylinsertion, die bei den Silacyclopropenen **22a–d** beobachtet wurde, scheint keinen Energiegewinn durch Spannungsabbau zu erbringen. Damit wurde die Abnahme der Spannungsenergie von den Silacyclopropenen zu den Silacyclopropanen auch durch ihr chemisches Verhalten bestätigt[89].

Ar = 2-(Me$_2$NCH$_2$)C$_6$H$_4$

Das Konzept, interne oder geminal substituierte Olefine durch Integration in ein gespanntes Molekül gegenüber einen Angriff des Silandiyls **20a** hinreichend reaktiv zu machen, erwies sich als genereller Zugang zu neuen Silacyclopropanen. Während Cyclotrisilan **17a** mit 2,3-Dimethyl-1-buten keine Reaktion einging, wurde 2,2-Dimethylmethylencyclopropan (**36**) in quantitativer Reaktion in das Spiro[2.2]pentan **37** überführt. Ebenso reagierte 2,3-Dimethyl-2-buten nicht mit **17a**, wohingegen Bicyclopropyliden (**38**), dessen erhöhte Reaktivität gegenüber Carbenen bekannt ist[90], zu dem Dispiro[2.0.2.1]heptan **39** umgesetzt wurde. Die Silacyclopropanstruktur von **37** und **39** wurde zweifelsfrei durch die Verschiebungen im ^{29}Si-NMR-Spektrum (**37**: $\delta = -72.4$, **39**: $\delta = -75.6$) belegt. Die Silacyclopropane **35**, **37** und **39** sind thermisch wesentlich stabiler als **32a** und **32b**. Erst bei 110 °C konnte aus **35** in Gegenwart von 2,2'-Bipyridyl das Silandiyl **20a** unter Bildung des bekannten Abfangprodukts **19** übertragen werden[91]. Möglicherweise ist die Ausbildung des gespannten Norbornens im Laufe der Reaktion mit einem höheren Energieaufwand verbunden, so daß der Silandiyltransfer von **35** energetisch gehemmt ist.

Schema 9.

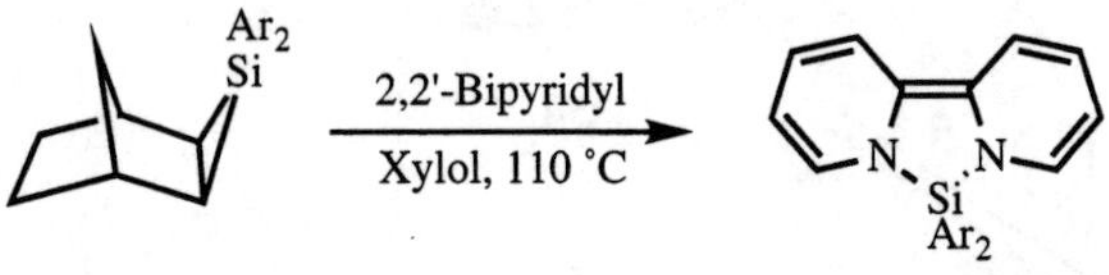

$$Ar = 2\text{-}(Me_2NCH_2)C_6H_4$$

Mit Styrol reagierte **17a** in einer quantitativ verlaufenden Reaktion zum Silaindan **41**, dessen Struktur durch eine Festkörperstrukturuntersuchung belegt wurde. Bei der ^{1}H-NMR-spektroskopischen Kontrolle des Reaktionsverlaufes wurde ein Zwischenprodukt der Reaktion detektiert, das am Ende der Reaktion vollständig zu **41** weiterreagiert hatte. Die genaue Analyse der ^{1}H-NMR-Signale des Zwischenproduktes wiesen auf ein intermediäres Silacyclopropan **32d** hin: Je ein Dublett vom Dublett bei $\delta = 1.39$ und $\delta = 2.36$ wurden im Spektrum des Reaktionsgemisches dem Zwischenprodukt zugeordnet. Das zu höherem Feld verschobene Signal hat die für die endocyclische Methylengruppe typischen Kopplungskonstanten von $^2J_{gem} = 12$ Hz und $^3J_{trans} = 9$ Hz und wird damit 3-H$_{cis}$ zugeordnet. Das Signal bei $\delta = 2.36$ zeigt keine geminale Kopplung. Dafür weist es aber die *trans*- ($^3J_{trans} = 9$ Hz) sowie die *cis*-Kopplung ($^3J_{cis} = 11$ Hz) zu 2-H auf. Die im Vergleich zu 3-H$_{cis}$ deutliche Verschiebung dieses Protons zu tieferem Feld ist mit der benzylischen Position, in der es sich befindet, zu erklären. Die so postulierte Silacyclopropanstruktur wird zusätzlich durch die Verschiebung des Signals des Zwischenproduktes im ^{29}Si-NMR-Spektrum von $\delta = -82.5$ gestützt.

Die Bildung des Silaindans **41** verläuft demnach über ein Silacyclopropan **32d**, das im weiteren Sinne als Vinylsilacyclopropan aufgefaßt werden darf (Schema 10). Dieser erste Reaktionsschritt entspricht daher dem Mechanismus, der für die Reaktion von Silandiylen mit 1,3-Dienen formuliert wird[38a]: Demnach reagieren Silandiyle in einem einleitenden Schritt mit

1,3-Dienen zu den instabilen Vinylsilacyclopropanen, die anschließend in einer Vinylcyclopropan-Cyclopenten-Umlagerung zum Silacyclopenten weiterreagieren. Tatsächlich konnten kürzlich durch Reaktion des sterisch anspruchsvollen Dimesitylsilandiyls mit 1,3-Dienen stabile Vinylsilacyclopropane im Gemisch mit den bereits gebildeten Umlagerungsprodukten nachgewiesen werden[92]. Kürzlich wurde sogar ein stabiles Phenylsilacyclopropan

Schema 10.

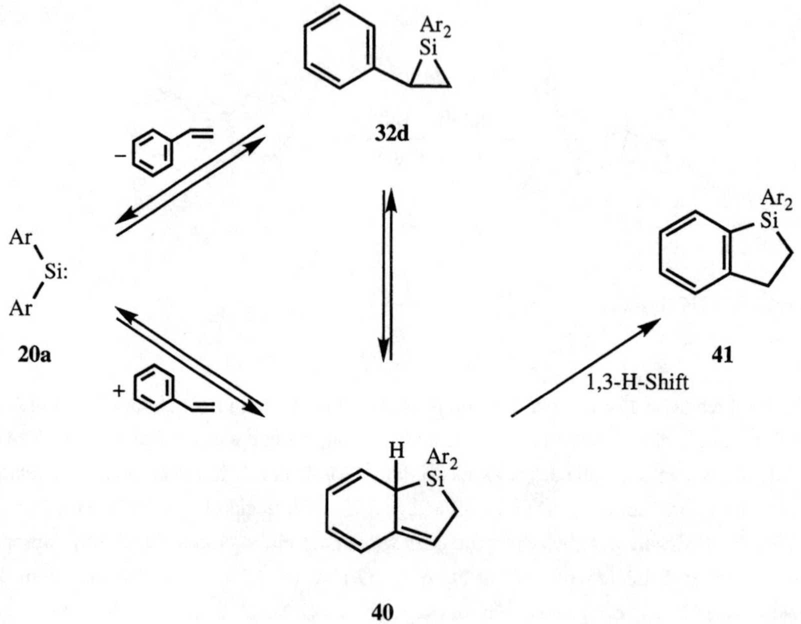

Ar = 2-(Me$_2$NCH$_2$)C$_6$H$_4$

von der Arbeitsgruppe von Weidenbruch durch Reaktion von **17b** mit 2-Methylstyrol dargestellt und isoliert[89]. Das Phenylsilacyclopropan **32d** hingegen ist unter den Reaktionsbedingungen instabil und reagiert in einer [1,3]-Silylverschiebung zum Umlagerungsprodukt **40** weiter, das irreversibel zum Silaindan **41** rearomatisiert. Die formale [4+1]-Cycloaddition des Silandiyls an Styrol, die ebenfalls zu **40** führen würde, ist zwar nicht vollständig auszuschließen, erscheint jedoch eher unwahrscheinlich, da es bislang keine Hinweise für diesen Reaktionsverlauf für divalente Silicium- oder Kohlenstoffverbindungen[93] mit Styrol gibt.

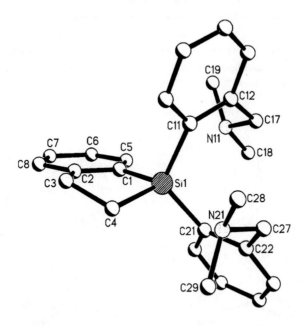

Abb. 7. Struktur von **41** im Kristall; ausgewählte Abstände [pm] und Winkel [°]: Si(1)–C(1) 188.8(3), Si(1)–C(4) 188.1(4), Si(1)–C(11) 188.8(3), Si(1)–C(21) 187.7(3), C(1)–C(2) 139.2(5), C(2)–C(3) 150.8(5), C(3)–C(4) 153.3(5), Si(1), N(11) 325.8(3), Si(1), N(21) 306.0(3); C(1)–Si(1)–C(4) 90.6(2), C(1)–Si(1)–C(11) 112.8(1), C(4)–Si(1)–C(11) 109.9(2), C(1)–Si(1)–C(21) 110.8(1), C(4)–Si(1)–C(21) 114.6(2), C(11)–Si(1)–C(21) 115.6(2).

Für eine Röntgenstrukturanlyse brauchbare Kristalle von **41** wurden durch Kristallisation aus Diethylether/n-Pentan erhalten (Abb. 7). Während Si(1), C(1), C(2) und C(3) annähernd eine Ebene bilden (mittlere Abweichung 1.2 pm), ist C(4) um 51.7 pm aus dieser Ebene ausgelenkt. Damit nimmt der Silacyclopentenring eine Briefumschlag-Konformation ein, die wesentlich ausgeprägter ist als die eines ähnlichen Silaindans[94]. Da der C(1)–Si(1)–C(4)-Winkel (90.6°) im Gegensatz zu dem aufgeweiteten C(21)–Si(1)–C(11) Winkel (115.6°) signifikant gestaucht ist, nimmt das Siliciumatom eine verzerrte tetraedrische Koordinationsgeometrie ein. Die Stickstoffatome scheinen in Richtung des Siliciumatoms ausgerichtet zu sein; eine genauere Betrachtung ergibt jedoch, daß die Abstände der Aminogruppen vom Siliciumzentrum (Si(1)$\cdots$N(11): 325.9 pm, Si(1)$\cdots$N(21): 306.0 pm) deutlich länger sind als die für hochkoordinierte Siliciumverbindungen gefundenen (200–300 pm)[29]. Weiterhin ergab die Analyse der Ausrichtung der freien Elektronenpaare der Aminostickstoffatome, daß diese nicht exakt zum Siliciumatom hin orientiert sind[95]. So ist im Fall des Silaindans das Vorliegen einer hochkoordinierten Struktur im Festkörper eher zweifelhaft. In Lösung wurde ebenfalls kein Hinweis für eine Hochkoordination gefunden. Die ^{29}Si-NMR-Verschiebung zeigt mit $\delta = 2.5$ keine Hochfeldverschiebung[45].

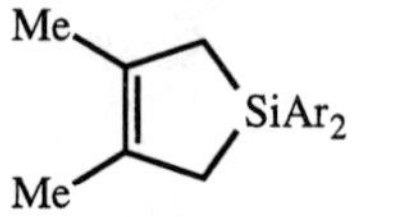

42 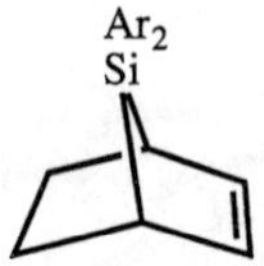   **43**

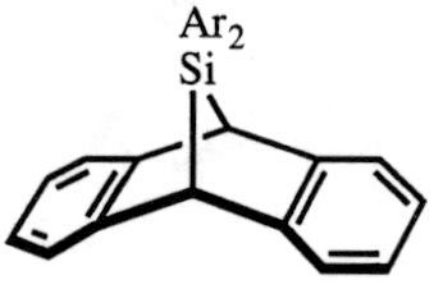

44 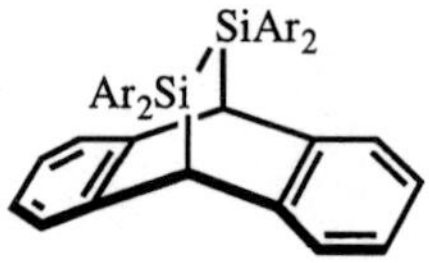   **45**

Ar = 2-(Me$_2$NCH$_2$)C$_6$H$_4$

Mit 2,3-Dimethyl-1,3-butadien reagierte **17a** glatt zum Silacyclopenten **42**. Im Verlauf dieser Reaktion konnte das Zwischenprodukt einer Primäraddition an eine Doppelbindung nicht durch ^{1}H-NMR-spektroskopische Untersuchung identifiziert werden. Da **17a** mit dem sterisch ähnlich substituierten 2,3-Dimethyl-1-buten nicht reagiert, scheinen elektronische Gründe für die unterschiedliche Reaktivität der Olefine verantwortlich zu sein. Möglicherweise ist es die geringere Elektronendichte der konjugierten Doppelbindung, die einen Angriff des Silandiyls **20a** ermöglicht. Vor kurzem wurde **42** auch auf einem anderen Wege dargestellt[96]. Die dort angegebenen physikalischen Daten sind unvollständig und teilweise falsch, so daß die hier aufgenommenen Daten eine notwendige Ergänzung darstellen. Weiterhin gehen die Autoren davon aus, daß **42** hochkoordiniert sei. Da jedoch die Verschiebung des Signals im ^{29}Si-NMR-Spektrum keine Hochfeldverschiebung aufweist, wie sie für eine Hochkoordination in Lösung erwartet wird, ist eine derartige Annahme zumindest für die Situation in Lösung fraglich.

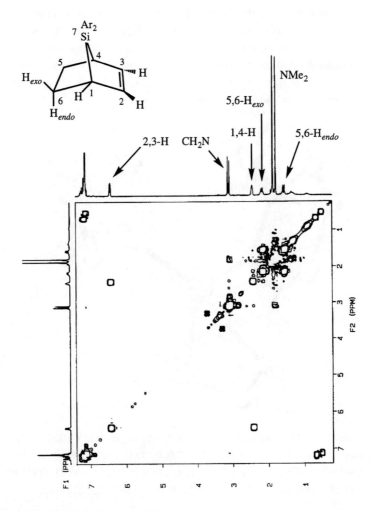

Abb. 8. ¹H,¹H-COSY-Spektrum von **43**

2,3-Dimethyl-1-buten und 2,3-Dimethyl-1,3-butadien haben eine unterschiedliche Reaktivität gegenüber **17a**. Ein analoges Verhalten wird beim Vergleich von Cyclohexen, das mit **17a** nicht reagierte, und Cyclohexadien beobachtet. Mit 1,3-Cyclohexadien, in dessen Sechsring-struktur die Doppelbindung des Cyclohexens in ein System konjugierter Doppelbindungen integriert ist, verlief die Reaktion mit **17a** quantitativ zum analysenreinen Silanorbornen **43**.

Die Struktur konnte mit einem ^{1}H,^{1}H-COSY-NMR-Experiment belegt werden (Abb. 8). Die Protonen an der Doppelbindung (C-2, C-3: $\delta = 6.45$) koppeln jeweils über 3 bzw. 4 Bindungen mit den Brückenkopfprotonen (1-H, 4-H) bei $\delta = 2.45$. Die geminale Kopplung der exo-Protonen ($\delta = 2.17$) an C-5 und C-6 mit den endo-Protonen ($\delta = 1.57$) wird ebenfalls im Korrelatiosspektrum aufgezeigt. Eine sehr schwache Kopplung zwischen 5-, 6-H$_{endo}$ und den Brückenkopfprotonen wird zusätzlich beobachtet.

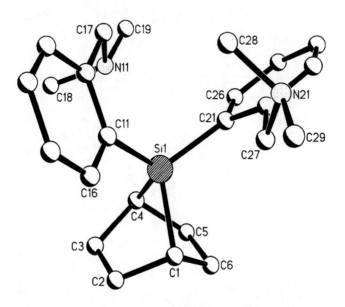

Abb. 9. Struktur von **43** im Kristall; ausgewählte Abstände [pm] und Winkel [°]: Si(1)–C(1) 191.7(3), Si(1)–C(4) 190.8(2), Si(1)–C(11) 188.6(3), Si(1)–C(21) 188.3(2), Si(1)···N(11) 291.8(2); C(1)–Si(1)–C(4) 80.5(1), C(1)–Si(1)–C(11) 109.7(1), C(4)–Si(1)–C(11) 123.6(1), C(1)–Si(1)–C(21) 114.5(1 C(4)–Si(1)–C(21) 114.8(1), C(11)–Si(1)–C(21) 110.3(1).

Die Struktur von **43** wurde zusätzlich im Festkörper untersucht (Abb. 9). Die Lage der Doppelbindung läßt sich im Festkörper wegen einer Fehlordnung nicht eindeutig einer der beiden C$_2$-Brücken zuordnen. Dies wird durch die gefundenen Bindungslängen von C(2)–C(3) (139.9) und C(5)–C(6) (147.9) deutlich, die zwischen einer Einfach- und einer Doppelbindungslänge liegen. Eine durch das rigide bicyclische Ringsystem verursachte Verzerrung der Koordinationsgeometrie wird durch eine auffallende Stauchung des C(1)–Si(1)–C(4)-Winkels auf 80.5° belegt, ein Phänomen, das schon bei 7-Silanorbornadienen beobachtet wurde[97]. Die exocyclischen Winkel sind dagegen so aufgeweitet (bis zu 123.6(1)° für C(11)–Si(1)–C(4)), daß sich die Dimethylaminogruppen zum Siliciumatom hin orientieren können (Si(1)···N(11)- (291.8 pm). Wie bei der Struktur von **41** ist auch in **43** das freie Elektronenpaar des Stickstoffs nicht auf das Siliciumatom gerichtet, so daß auch in diesem Fall nicht von einer hochkoordinierten Struktur gesprochen werden darf.

Das Silanorbornen **43** ist eine in 7-Position substituierte homologe Verbindung des Norbornens. Im Vergleich dazu findet jedoch unter thermischen Bedingungen (60 °C, 16 h) keine Addition eines weiteren Silandiyls **20a** an die Doppelbindung statt. Möglicherweise ist ein *exo*-Angriff an dieses Olefin durch den Arylsubstituenten an der Methylenbrücke sterisch gehindert. Dieses Argument kann allerdings nur dann gelten, wenn eine *endo*-Addition ausgeschlossen werden kann. Bei Norbornen zumindest wurde eine Präferenz für eine *exo*-Addition von Elektrophilen gefunden und mit der sterischen oder elektronischen Situation im Norbornen begründet[98].

Anthracen reagierte mit **17a** ebenfalls im Sinne einer formalen [4+1]-Cycloaddition unter Bildung des Dibenzo-7-silanorbornadiens **44**, das im Gegensatz zum Silanorbornen **43** extrem hydrolyseempfindlich ist. Verbindung **44** ist insofern von Interesse, als sie durch Insertion eines weiteren Silandiyls **20a** in eine Si–C-Bindung ein Dibenzo-7,8-disila[2.2.2]bicyclo-octadien **45** überführt werden könnte[99]. Verbindungen dieser Art sind dafür bekannt, daß sie in einer Cycloreversion zu einem Disilen und Anthracen reagieren. Das könnte einen Zugang zu dem bislang noch nicht dargestellten Disilen **33** ermöglichen. Die Umsetzung von 1.5 Äquivalenten Anthracen mit **17a** in C_6D_6 ergab jedoch nach 16 h bei 80 °C nur ein Gemisch aus **17a** und **44**. Auch in der Schmelze wurde nach 3 h bei 120 °C keine weitere Reaktion zu **45** beobachtet.

4. Reaktionen des Cyclotrisilans 17a mit Nitrilen

Die Reaktionen des Cyclotrisilans **17a** mit Alkinen und Alkenen haben gezeigt, daß unter den milden Bedingungen, unter denen aus **17a** das Silandiyl **20a** freigesetzt wird, gespannte Verbindungen wie Silacyclopropane und Silacyclopropene darstellbar sind. Eine diesen Klein-ringverbindungen verwandte Substanzklasse stellen die Azasilacyclopropene dar, die bislang noch nie in Substanz isoliert worden sind. Als einzig stabile Verbindung mit ähnlichem Struk-turelement wurde ein Phosphasilacyclopropen dargestellt[100]. Die Ergebnisse der Umset-zungen von **17a** mit Alkinen ließen nun hoffen, daß unter den milden Bedingungen, unter denen das Cyclotrisilan mit Silandiylabfangreagentien erfolgreich umgesetzt wurde, das

Silandiyl **20a** auf Nitrile unter Bildung eines stabilen Azasilacyclopropens übertragen werden kann.

$$t\text{-Bu}_2\text{Si} — \text{Si}t\text{-Bu}_2$$

$$(t\text{-Bu})_3\text{Si}$$

48

Das Cyclotrisilan **17a** wurde mit verschiedenen Nitrilen umgesetzt (Schema 11): Die Reaktion von **17a** mit Pivalonitril verlief glatt zum hydolyseempfindlichen 1,2-Disilazetidin **47**. Eine ähnliche Verbindung, **48**, wurde von Weidenbruch et al. durch Reaktion von **17b** mit Tri-*tert*-butylsilylnitril dargestellt[101]. Einen wichtigen Hinweis auf die Struktur von **47** gibt die auffällige Tieffeldverschiebung des Signals des Ringkohlenstoffatoms im ^{13}C-NMR-Spektrum (δ = 230.1); ähnliche Werte wurden für Ringkohlenstoffatome von cyclischen Siliciumverbindungen mit exocyclischer C=N-Doppelbindung gefunden[102]. Im IR-Spektrum finden sich zudem die für die C=N-Doppelbindung zu erwartenden Schwingungen bei $\tilde{\nu}$ = 1590 cm^{-1} und 1555 cm^{-1}. Das Vorhandensein zweier chemisch unterschiedlicher Siliciumkerne wird durch zwei Signale im ^{29}Si-NMR-Spektrum bestätigt (δ = 3.5; δ = –0.4). Die Reaktion von Cyclotrisilan **17a** mit Acetonitril verlief ebenfalls über die intermediäre Bildung eines Disilaazetidins, das anschließend eine 1,3-Wasserstoffverschiebung unter Ausbildung einer exocyclischen Methylengruppe einging. Das Reaktionsprodukt wurde nicht quantitativ gebildet: Aus einer komplexen Reaktionsmischung wurde das 1,2-Disilaazetin **49** in 41% Ausbeute isoliert. Kristalle von **49** wurden durch Röntgenbeugung untersucht. Die Struktur des Vierringes wurde damit zwar eindeutig belegt, die Daten konnten jedoch nicht befriedigend verfeinert werden. Bei der Umsetzung des Cyclotrisilans **17a** mit Trimethylsilylnitril wurde keine zweifache Addition eines Silandiyls beobachtet. In einer quantitativen Reaktion entstand das umgelagerte Disilan **50**, das formal einer Insertion eines Silandiyls **20a** in die Si–C-Bindung entspricht. Versuche, ein weiteres Silandiyl **20a** an die Nitrilfunktion von **50** zu addieren, blieben, vermutlich wegen der sterischen Abschirmung des Nitrils, erfolglos. An **50** wurde eine Untersuchung der Kristallstruktur durchgeführt (Abb. 10), aus der ersichtlich ist, daß mit einem Si···N-Abstand von 290 pm (N(3)···Si(1)) schon eine deutliche, wenn auch schwache Wechselwirkung der Aminogruppe mit dem Siliciumatom ausgeübt wird. Die Bindung des Siliciumatoms zur Cyanogruppe ist entsprechend etwas länger (Si(1)–C(1) = 190.4 pm) als die für Trimethylsilylnitril gefundene (182 pm)[103]. Dieser Zustand darf als eine Momentaufnahme im Reaktionsverlauf einer S_N2-Reaktion betrachtet werden, wobei die

Aminogruppe das Nucleophil darstellt. Auf der gegenüberliegenden axialen Position befindet sich die nucleofuge Nitrilfunktion. Die äquatoriale Bindungswinkelsumme für die Winkel von Si(1), die es mit Si(2), C(1a) und C(1b) aufspannt, beträgt 353.8°. Dies zeigt, daß die Geometrie einer trigonalen Bipyramide, die bei der Koordination von fünf Liganden an einem Zentralatom gebildet wird, noch nicht vollständig erreicht ist und daß daher die Koordination des Stickstoffs eher schwach ist. Trotzdem wird deutlich, daß auch Silylcyanide prinzipiell zur Ausbildung hochkoordinierter Stukturen befähigt sind.

Schema 11.

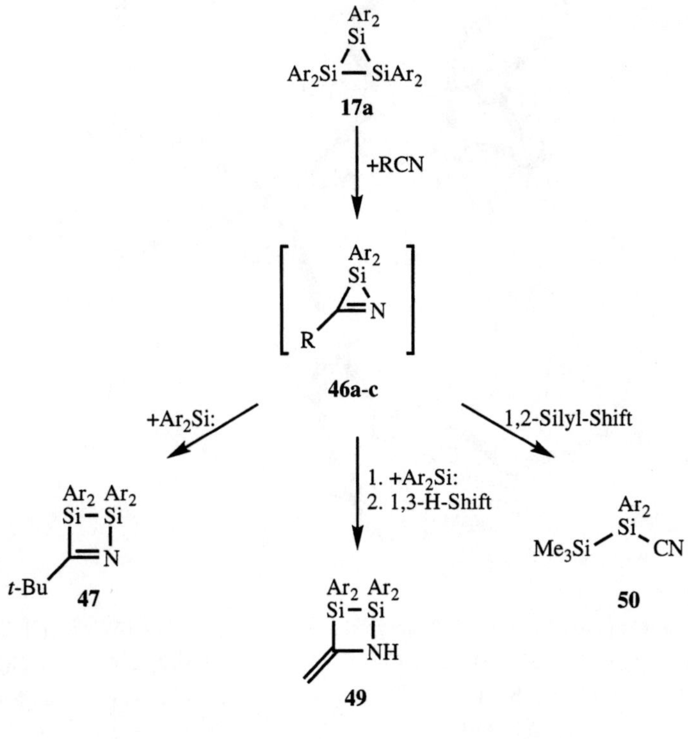

Ar = 2-(Me$_2$NCH$_2$)C$_6$H$_4$; **46a**: R = t-Bu; **46b**: R = Me; **46b**: R = SiMe$_3$

Mit Benzonitril, *p*-Methylbenzonitril und Naphtoesäurenitril reagierte Cyclotrisilan **17a** in einer sehr komplexen Reaktion. Es konnten immer nur sehr geringe Mengen eines Produktes isoliert werden, dessen Struktur nicht aufgeklärt werden konnte. Aus den ^{1}H- und ^{13}C-NMR-spektroskopischen Daten kann lediglich geschlossen werden, daß die Reaktionsprodukte jeweils eine Struktur haben, die aus einer formalen Addition zweier Silandiyle an das Nitril hervorgehen. Die Bildung von 1,2-Disilaazetidinen kann jedoch sicher ausgeschlossen werden.

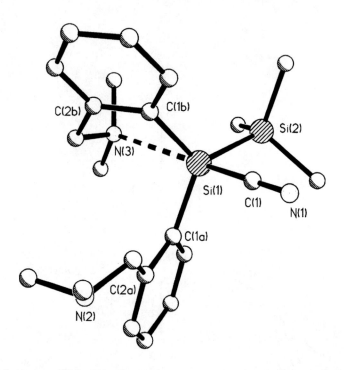

Abb. 10. Struktur von **50** im Kristall; ausgewählte Abstände [pm] und Winkel [°]: Si(1)–C(1) 190.4(4), Si(1)–C(1a) 187.0(3), Si(1)–C(1b) 188.4(3), Si(1)–Si(2) 234.71(13), N(3)···Si(1) 290.0; C(1a)–Si(1)–C(1b) 117.9(1), C(1b)–Si(1)–Si(2) 121.2(1), C(1a)–Si(1)–Si(2) 114.7(1), N(3)···Si(1)–C(1) 170.4.

Obwohl die Produkte **47** und **49** durch Addition eines Disilens **33** an die CN-Dreifachbindung entstanden sein könnten, wie es bei der photochemischen Bildung von **48** aus dem

Cyclotrisilan **17b** und Tri-*tert*-butylsilylnitril bereits formuliert wurde, ist die Bildung aller drei Produkte **47, 49** und **50** auch mit der einleitenden Bildung eines Azasilacyclopropens **46a-c** zu erklären. Die Vierringe **47** und **49** können damit in einer Insertionsreaktion eines Silandiyls **20a** in die Azasilacyclopropene **46a** und **46b** entstanden sein, einer Reaktion, die ihre Analogie in der Bildung der 1,2-Disilacyclobutene **30a–d** findet. Ein weiterer Hinweis darauf, daß keine direkte Disilenaddition an die Nitrile stattfindet, lieferte der qualitative Versuch, Pivalonitril mit dem Silandiylüberträger **35** umzusetzen: Dabei wurde durch ¹H-NMR-spektroskopische Untersuchung des Reaktionsgemisches **47** als Hauptprodukt identifiziert. Bei der Reaktion des Trimethylsilylnitrils weicht das primär gebildete Azasilacyclopropen **46c** der Ringspanung durch eine Ringöffnung, die mit einer Silylverschiebung einhergeht, unter Bildung von **50** aus. In keinem der drei Fälle wurde die Bildung eines formalen Dimerisierungsproduktes der Azasilacyclopropene, eines Diazadisilacyclohexadiens, beobachtet. Diese Verbindungen sind bei der Photolyse des Cyclotrisilans **17b** im Gegenwart von Pivalonitril, Benzonitril sowie Acetonitril die isolierten Hauptprodukte[104].

Die Ergebnisse der Reaktionen von **17a** mit Nitrilen zeigen damit, daß Azasilacyclopropene im Gegensatz zu Silacyclopropenen wesentlich instabiler sind und jede Möglichkeit, Ringspannung abzubauen, wahrnehmen. Der 2-(Dimethylaminomethyl)phenyl-Substituent ist nicht in der Lage, diese reaktive Verbindungsklasse zu stabilisieren. Es bleibt weiterhin fraglich, ob stabile Azasilacyclopropene - beispielsweise kinetisch durch raumbeanspruchende Substituenten geschützt - überhaupt bei moderaten Temperaturen stabil sind.

5. Reaktionen des Cyclotrisilans 17a mit Ketonen und Iminen

In der Organischen Chemie sind Oxirane (Epoxide) unter anderem durch Epoxidierung von Alkenen mit Dioxiranen[105] oder Carbonsäureperoxiden[106] leicht zugänglich. Darüber hinaus haben sich die Sharpless-Epoxidierung[107] und der Einsatz des Corey-Ylids[108] als besonders effiziente Synthesen von Oxiranen erwiesen. Oxirane sind in der Regel stabile, isolierbare Substanzen, die einen großen präparativen Nutzen in der Organischen Synthese haben[109]. Wird nun ein Methylenfragment eines Oxirans formal durch ein Silandiyl ersetzt, so sollte durch Abbau der Ringspannung ein stabilerer Dreiring, ein Siloxiran, entstehen. Tatsächlich sind aber viele Versuche, eine derartige Verbindung herzustellen, an deren Instabilität gescheitert. In Analogie zu den Darstellungen der Oxirane sind zwei Wege zum Siloxiran denkbar: Die "Epoxidierung" eines Silaethens oder die Addition eine Silandiyls oder Silandiyloids an ein Keton. Obwohl durch Addition von molekularem Sauerstoff an Disilene die Disilaoxirane zumindest als Nebenprodukt entstehen[110], ist bisher noch kein Versuch, ein Silaethen mit einer Sauerstoffquelle zum Siloxiran umzusetzen, erfolgreich gewesen[111]. Häufiger wurde versucht, Silandiyle an Ketone zu addieren[112]. Doch selbst bei der Verwendung sterisch anspruchsvoller Ketone wie Adamantanon oder 7-Norbornanon wurden nur Produkte isoliert, die durch die Reaktion eines zweiten Moleküls des Ketons mit einem intermediären Siloxiran oder durch eine Dimerisierung dieser reaktiven Zwischenstufe entstanden sein könnten[113]. Erst bei der Reaktion des sterisch anspruchsvollen Dimesitylsilandiyls mit dem ähnlich raumbeanspruchenden Tetramethylindanon wurde das Siloxiran **51** gebildet, das hinreichend stabil ist und röntgenstrukturanalytisch untersucht wurde[114].

Me   Me

O

SiMes$_2$

Me   Me

51

Da die Addition von Silandiylen an Ketone als eine erfolgversprechende Strategie zur Darstellung von Siloxiranen eingesetzt werden konnte, sollte durch Reaktion des Cyclotrisilans **17a** mit Ketonen die Befähigung des Silandiyls **20a**, mit Carbonylen ein sterisch stabilisiertes Siloxiran zu bilden, überprüft werden. Belzner hat gezeigt, daß **20a** mit Benzophenon zum Benzooxasilacyclopenten **56** reagiert (Schema 12)[43]. Ein ähnliches Produkt erhielten Ando et al. bei der Reaktion von Dimethylsilandiyl mit Benzophenon[115]. Auch wenn eine Formulierung der einleitenden Bildung eines Siloxirans **55** durch die Primäraddition des Silandiyls **20a** an die C=O-Doppelbindung sehr reizvoll erscheinen mag, so gibt es doch in der Chemie der Carbene keine Beispiele für diese Reaktion, und auch Silandiyle werden wohl nicht im Sinne einer konzertierten [2+1]-Cycloaddition mit einem Keton reagieren. Möglich ist allerdings der elektrophile Angriff des Silandiyls **20a** am Sauerstoffatom zum Ylid **53**, eine in der Carbenchemie bekannte Reaktion[116], oder auch ein nucleophiler Angriff an das Kohlenstoffatom unter Ausbildung des Dipols **54** (Schema 12). Für Carbene wurde beispielsweise gezeigt, daß die Reaktivität gegenüber CO_2 mit steigender Nucleophilie des Carbens größer wird[117]. Ebenso könnte also auch das Silandiyl **20a** ein Keton bevorzugt mit seinem freien Elektronenpaar nucleophil angreifen. Beide Dipole, **53** und **54**, können anschließend zum Siloxiran **55** cyclisieren und in einer 1,3-Silylverschiebung mit anschließender Rearomatisierung den Fünfring **56** ausbilden. Der Ringschluß von Carbonylyliden zu Oxiranen beispielsweise ist bekannt[116], und Primäraddukte der Reaktion von nucleophilen Carbenen mit CO_2 cyclisieren ebenfalls zu den β-Lactonen[117].

Schema 12.

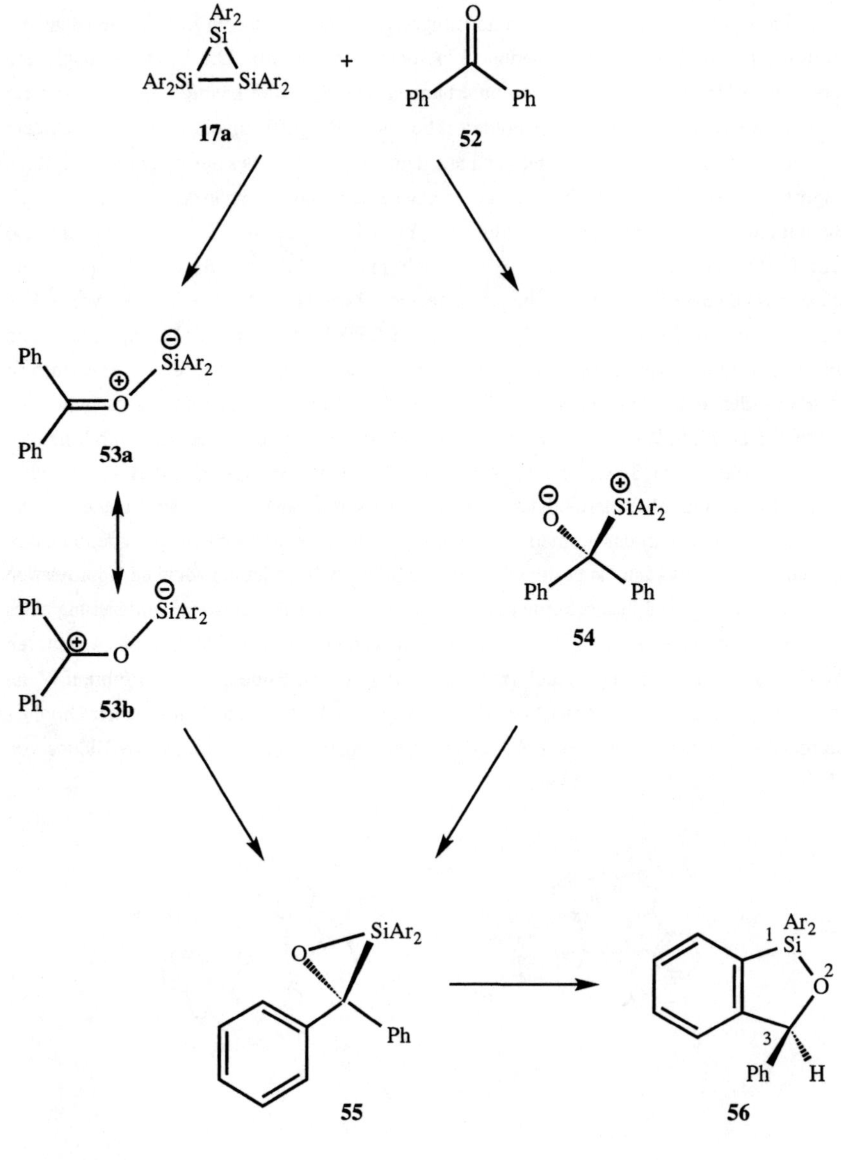

Ar = 2-(Me₂NCH₂)C₆H₄

Um die Rotation der Phenylsubstituenten am Siloxiran **55** zu verhindern, die eine für die Silyl-verschiebung günstige planare Anordnung der Vinyl- und der Siloxirankomponente zuläßt, wurde das Cyclotrisilan **17a** mit Fluorenon umgesetzt. In einer sauberen Reaktion entstand ein Produkt, das als Dioxasilacyclopentan **57a** identifiziert wurde. Die beim Benzophenon beobachtete Umlagerung wurde also unterbunden. Die Reaktion könnte ebenfalls über ein Siloxiran **60** verlaufen, das in einer Folgereaktion unter Ringöffnung ein weiteres Äquivalent Fluorenon addiert. Das Siloxiran **60** kann aus dem Ringschluß eines aus einem nucleophilen Angriff resultierenden Dipols **58** entstehen. In einer elektrophilen Primärreaktion des Silandiyls **20a** mit Fluorenon ist hingegen die Bildung des Ylids **59** anzunehmen. Ein ähnliches Ylid liegt beim Bestrahlen mit UV-Licht im Gleichgewicht mit dem Siloxiran **51** vor. Phosphor- und Stickstoffylide des Siliciums sind ebenso als reaktive Zwischenstufen beschrieben worden[37]. Wenn jedoch ein derartiges Ylid **59** beim ersten Reaktionsschritt von **20a** mit Fluorenon entsteht, so müßte das nächste Molekül Fluorenon unter Bildung des Regioisomeren **57b** addiert werden, d. h., die anschließende Reaktion zu **57a** ist in diesem Reaktionsabschnitt nicht denkbar. Das Ylid **59** kann aber zum Siloxiran **60** cyclisieren, das wiederum durch hetero-lytische Spaltung der Si–C-Bindung zum Dipol **61** reagieren kann. Die darin formulierte Ladungsverteilung sollte thermodynamisch günstiger sein als in dem Ylid **59**: Einerseits kann die negative Ladung in das aromatische Ringsystem des Fluorenylsubstituenten delokalisiert werden, andererseits kann die positive Ladung am Silicium durch intramolekulare Koordination einer Aminogruppe stabilisiert werden. Von einer solchen intramolekularen Stabilisierung eines positiven Siliciumzentrums ist kürzlich berichtet worden[118]. Die Addition eines weiteren Moleküls Fluorenon an einen Dipol der Struktur **61** sollte zur Bildung von **57a** führen. Wenn der Bildung von **57a** ein ionischer Mechanismus zugrunde liegt, so muß demnach der Dipol **61** das reaktive Intermediat im zweiten Additionsschritt sein, damit die regioselektive Bildung von **57a** hinreichend erklärt werden kann.

57a   **57b**

Ar = 2-(Me$_2$NCH$_2$)C$_6$H$_4$

Da der Fluorenylsubstituent das Siloxiran **60** anscheinend noch nicht ausreichend abzuschirmen vermag, muß ein noch sperrigeres Keton mit dem Cyclotrisilan **17a** umgesetzt werden, um eine Folgereaktion zu verhindern. Ein guter Kandidat schien zunächst das Di-*tert*-butylketon zu sein; jedoch ist dieses Keton sterisch bereits so gut abgeschirmt, daß das Silandiyl **20a** dem reaktiven Zentrum nicht mehr nahe genug kommt: Unter thermischen

58   **59a**   **59b**

60   **61**

Ar = 2-(Me$_2$NCH$_2$)C$_6$H$_4$

Bedingungen reagieren **17a** und Di-*tert*-butylketon nicht miteinander. Wird allerdings das raumbeanspruchende Adamantanon mit **17a** für 12 h bei 60 °C gerührt, so entsteht quantitativ das gewünschte Siloxiran **62**. Die molekulare Zusammensetzung wurde durch eine Elementaranalyse und durch ein FAB-Massenspektrum bestätigt. Das Signal im ^{29}Si-NMR-Spektrum, das mit δ = –77.2 eine mit den Silacyclopropanen vergleichbare Hochfeldverschiebung aufweist, gibt einen analytisch brauchbaren Hinweis auf das Vorliegen einer gespannten, cyclischen Verbindung. Sowohl das ^{1}H-NMR- als auch das ^{13}C-NMR-Spektrum weisen bei Raumtemperatur sehr breite Signale auf, die im Kohlenstoffspektrum teilweise sogar ganz verschwinden. Die Spektren wurden daher bei höheren Temperaturen (333 K bzw. 328 K) aufgenommen. Eine bemerkenswerte Tieffeldverschiebung erfährt das Spirokohlenstoffatom im ^{13}C-NMR-Spektrum: Mit einer Verschiebung von δ = 84.6 kommt es im gleichen Bereich zu liegen wie das Signal des Ringkohlenstoffatoms im Siloxiran **51**[114]. Durch ein zusätzliches ^{1}H,^{1}H-COSY-Spektrum wurde gezeigt, daß die chemisch äquivalenten Paare der Protonen an

C-3 und C-5 (δ = 1.76, 2.84) ein AB-System ausbilden, wohingegen die Signale der Protonen an C-7 und C-9 diese Signalaufspaltung nicht aufweisen (Abb.11). Dieses Phänomen ist wohl darauf zurückzuführen, daß die dem Arylsubstituenten zugewandten Protonen bereits in den Wirkungsbereich des Anisotropiekegels des Aromaten geraten.

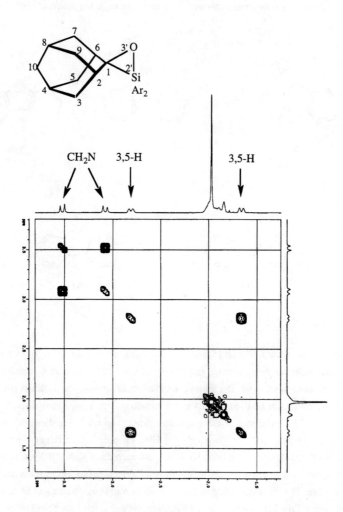

Abb. 11. ^{1}H,^{1}H-COSY-Spektrum von **62** bei 333 K

62

63

Ar = 2-(Me$_2$NCH$_2$)C$_6$H$_4$

Um zu erörtern, ob sich die strukturelle Ähnlichkeit von Iminen und Ketonen auf ein vergleichbares Reaktionsverhalten gegenüber Silandiylen auswirkt, wurden ergänzend zu den Untersuchungen mit Ketonen einige Imine mit dem Cyclotrisilan **17a** umgesetzt. Das dem Benzophenon analoge Benzophenonanil beispielsweise ließ sich in glatter Reaktion in das Azasilacyclopenten **63** überführen, das dem Reaktionsprodukt von **17a** mit Benzophenon entspricht. Eine hilfreiche Sonde zur Identifikation des Reaktionsproduktes ist das Singulett für 3-H, das mit einer Verschiebung von δ = 5.85 in einem charakteristischen Bereich liegt. Auch in diesem Fall könnte wie bei der Reaktion von **20a** mit Ketonen ein gespannter Dreiring, hier ein Azasilacyclopropan, im Verlauf der Reaktion formuliert werden. Die nachfolgende Umlagerung verläuft möglicherweise analog der Bildung von **56**. Um nun diese Umlagerung möglichst zu verhindern, ist ein Fluorenonderivat, das Fluorenon-2,6-dimethylanil (**64**), mit **17a** umgesetzt worden. Im Gegensatz zu der Reaktion von **17a** mit Fluorenon ist die Umlagerung zu **66** auch in diesem Fall die bevorzugte Reaktion. Das Signal von 2c-H (δ = 5.90) gibt einen deutlichen Hinweis auf die umgelagerte Struktur (Schema 13). Im Vergleich von Ketonen mit Iminen verhält sich demnach Fluorenon anders als Fluorenonanil. Die bevorzugte Umlagerung zu **66** im Gegensatz zu der ˙Addition eines weiteren Imins kann dadurch erklärt werden, daß das Fluorenonderivat **64** einen größeren Raumanspruch hat als das Fluorenon selbst und daher die Addition eines weiteren Imins sterisch gehindert ist. Die Frage, aus welcher konkreten Stuktur heraus die Umlagerung stattfindet, kann jedoch auch bei dieser Reaktion nicht geklärt werden.

In Analogie zu den Reaktionen mit Benzil und 2,2'-Bipyridyl[43] wurde Cyclotrisilan **17a** mit den Azabutadienen **67a** und **67b** in glatter Reaktion zu den leuchtend grünen Diazasilacyclopentenen **68a** und **68b** umgesetzt (Schema 14). Dieses Reaktionsverhalten von Silandiylen gegenüber Heterodienen ist bereits gut untersucht worden[119]. Obwohl es keine eindeutigen Hinweise auf den genauen Reaktionsmechanismus gibt, wird von den Autoren die gleiche mehrstufige Reaktionssequenz wie bei der Reaktion von Silandiylen mit Butadienen favorisiert:

Nach einem einleitenden Angriff an eine C=X-Doppelbindung (X = O, N) führt eine 1,3-Silylverschiebung zur Ausbildung des fünfgliedrigen Ringsystems.

Schema 13.

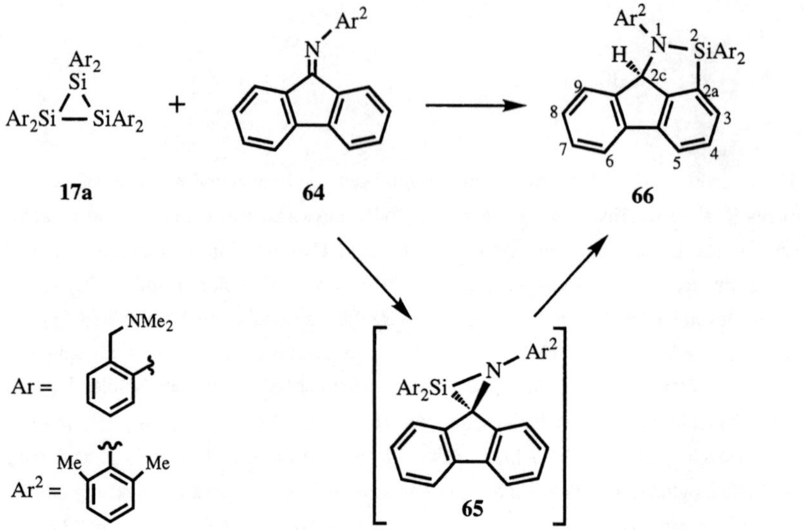

Die strukturelle Untersuchung der Diazasilacyclopentene ist von besonderem Interesse, da mit deren Hilfe ein besseres Verständnis der Eigenschaften, insbesondere der markanten Farbigkeit, der tief-violetten Reaktionsprodukte (wie beispielsweise **19**) von Silandiylen mit 2,2'-Bipyridyl erlangt werden soll. Bislang konnten nur Untersuchungen im Festkörper von Bis(2,2'-bipyridyl)silan[120] sowie der 2,5-Diazasilacyclopent-3-ene **69**[119a] und **70a**[119c] durchgeführt werden. **70a** ist im Gegensatz zu **69** und **19** farblos. In dem roten **69** wurde das Vorliegen eines Systems nicht-aromatischer konjugierter Doppelbindungen im annellierten Heteroringsystem, die ebenso für **19** und deren analogen Verbindungen formuliert wird, durch Röntgenbeugung bestätigt[119a]. Daraus wurde geschlossen, daß die Farbigkeit derartiger Verbindungen eine Folge dieses Strukturelementes sein muß. Obwohl die Diazasilacyclopentene **68a** und **68b** nicht über ein derartiges anelliertes System verfügen, weisen sie in Lösung doch eine intensive grüne Farbe auf. Um zu untersuchen, ob diese Farbigkeit sich auch in einer

Schema 14.

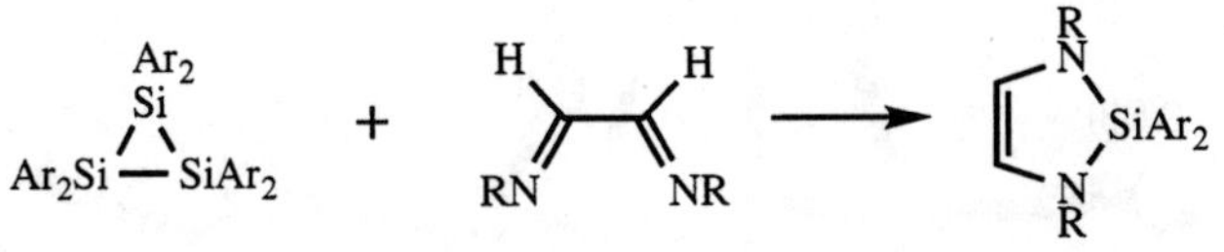

17a   67a,b   68a,b

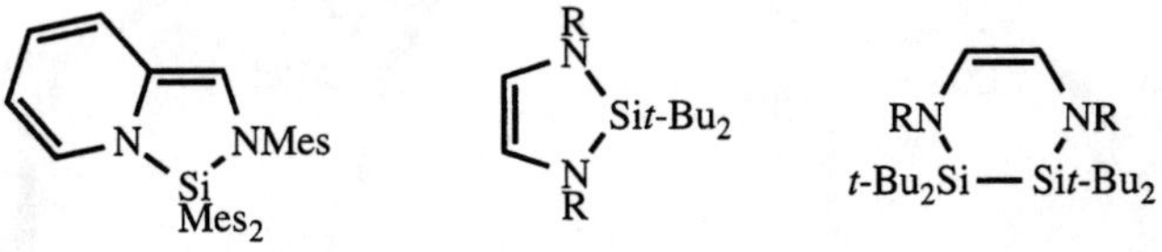

69   70a–c   71a-c

Ar = 2-(Me_2NCH_2)C_6H_4; **67a, 68a**: R = t-Bu; **67b, 68b**: R = $cyclo$-C_6H_{11};
70a, 71a: R = $cyclo$-C_6H_{11}; **70b, 71b**: R = t-Bu; **70c, 71c**: R = i-Pr

unterschiedlichen Struktur wiederspiegelt, wurde von **68a** eine Röntgenstrukturanalyse angefertigt (Abb. 12). Dabei zeigte sich, daß die Strukturen des farbigen **68a** und des farblosen **70a** im Festkörper weitestgehend gleich sind. Die Auslenkung des Siliciumatoms Si(1) aus der C_2N_2-Ebene ist mit 1 pm kleiner als in **70a** (10 pm), so daß der fünfgliedrige Ring annähernd planar ist. Die Winkelsumme der Stickstoffatome beträgt ungefähr 360° (N(1): 359.1°; N(2): 358.8°), die Stickstoffatome sind also trigonal-planar. Die beobachteten Bindungslängen weisen darüber hinaus keine Besonderheiten auf. Die Dimethylaminostickstoffatome sind vom Siliciumzentrum abgewendet. Eine vierfach koordinierte Struktur am Siliciumatom wurde auch in Lösung durch das Ausbleiben einer Hochfeldverschiebung der Signale im ^{29}Si-NMR-Spektrum (**68a**: δ = –22.6; **68b**: δ = –17.6) belegt. Es kann also aus dem Vergleich der beiden Strukturen keine hinreichende Erklärung für die unterschiedliche Farbe der beiden strukturell ähnlichen Verbindungen **70a** und **68a** abgeleitet werden.

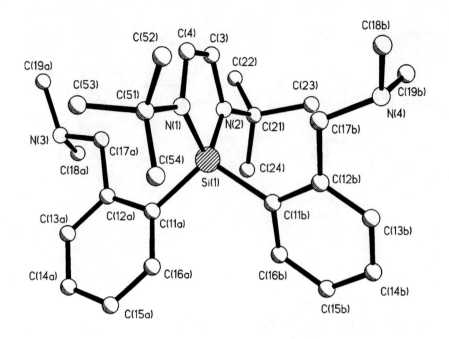

Abb. 12. Struktur von **68a** im Kristall: ausgewählte Abstände [pm] und Winkel [°]: Si(1)–N(1) 174.2(2), Si(1)–N(2) 174.9(2), Si(1)–C(11a) 190.3(2), Si(1)–C(11b) 190.5(2), N(1)–C(4) 141.1(3), C(3)–C(4) 133.7(4), N(2)–C(3) 141.6(3), N(1)–C(51) 149.0(3), N(2)–C(21) 148.8(3); N(1)–Si(1)–N(2) 92.46(9), C(11a)–Si(1)–C(11b) 107.2(1), C(4)–N(1)–C(51) 119.0(2), C(51)–N(1)–Si(1) 131.0(2), Si(1)–N(1)–C(4) 109.1(2), C(3)–N(2)–C(21) 119.6(2), C(21)–N(2)–Si(1) 130.4(2), Si(1)–N(2)–C(3) 108.8(2).

Die Verbindungen **70a–c** konnten von Weidenbruch et al. nicht durch Reaktion des Cyclotrisilans **17b** mit Azabutadienen erhalten werden[119c]. Statt dessen entstanden die Diazadisilacyclohexene **71a–c**. Die Bildung von **71a–c** verläuft vermutlich über eine Addition des Disilens **6b** an das Diazabutadien. Um eine sukzessive Addition zweier Silandiyle **20b** auszuschließen, wurden Versuche angestellt, ein weiteres Silandiyl in die Si–N-Bindung des isolierten Diazasilacyclopentens **70b** zu insertieren[119c]. Eine Reaktion wurde jedoch nicht beobachtet. Diese Beobachtung wurde auch für das hier beschriebene System gemacht. Eine Reaktion des Cyclotrisilans **17a** mit isoliertem **68a** zu dem entsprechenden Diaza-disilacyclohexen fand nicht statt.

6. Reaktionen des Cyclotrisilans 17a mit Isocyanaten und Isothiocyanaten

Im vorhergehenden Kapitel wurde gezeigt, daß sowohl Ketone als auch Imine mit dem Silandiyl **20a** über die Bildung von Dipolen zu den entsprechenden sehr instabilen Siloxiranen bzw. Azasilacyclopropanen reagieren, die anschließend auf verschiedenen Reaktionswegen weiterreagierten. Eine Reaktion von **20a** mit der C=N- oder C=O-Doppelbindung von Isocyanaten könnte ebenso zu gespannten Heterocyclen oder Dipolen führen, die noch instabiler als die Siloxirane und Azasilacyclopropane sein sollten. Obwohl Isocyanate als Abfangreagentien bei der Synthese von Silandiylen nicht üblich sind, schien es doch untersuchenswert zu sein, ob Isocyanate überhaupt mit dem Silandiyl **20a** reagieren und welche Folgereaktionen die auf dem Reaktionsweg gebildeten, eventuell gespannten Systeme eingehen würden.

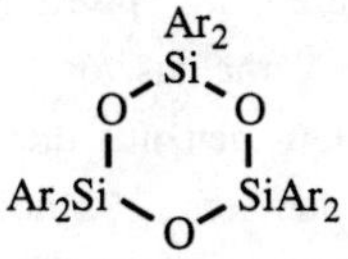

72 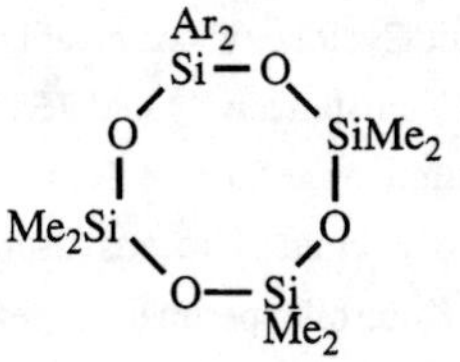   **73**

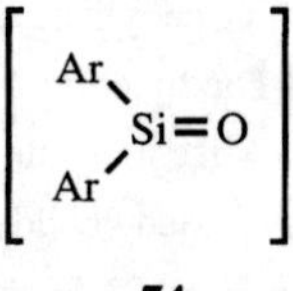

74 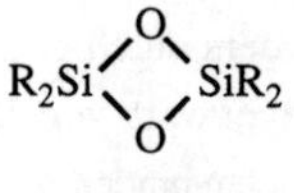   **75a–c**

Ar = 2-(Me$_2$NCH$_2$)C$_6$H$_4$; **75a**: R = 2-(Me$_2$NCH$_2$)C$_6$H$_4$; **75b**: R = Mes; **75c**: R = Xyl

Erstaunlicherweise wurde weder eine Umlagerung der reaktiven Zwischenstufe noch eine anschließende Addition von Isocyanat an ein Zwischenprodukt gefunden. Vielmehr wurden die Produkte einer Fragmentierungsreaktion isoliert: In einer glatten Reaktion wurde eine Lösung des Cyclotrisilans **17a** (350 mmol **17a**/L) mit drei Äquivalenten Cyclohexylisocyanat nach zwei Stunden bei 60 °C zum Cyclotrisiloxan **72** umgesetzt, das in 71% Ausbeute isoliert wurde. Als weiteres Hauptprodukt wurde Cyclohexylisonitril identifiziert. Die Struktur von **72** wurde durch ein korrektes Massenspektrum und die Verschiebung des Signals im ^{29}Si-NMR-Spektrum belegt, die mit $\delta = -39.9$ einen vergleichbaren Wert wie ein von Corriu et al. dargestelltes, strukturell ähnliches Cyclotrisiloxan aufweist[121]. Wurde die Reaktion von **17a** und Cyclohexylisocyanat in Gegenwart von Hexamethylcyclotrisiloxan (D_3) durchgeführt, so entstand quantitativ das Cyclotetrasiloxan **73**, das formale Insertionsprodukt des Silanons **74** in eine Si–O-Bindung von D_3. Bei der Reaktion des Cyclotrisilans **17a** mit *tert*-Butylisocyanat wurde ebenfalls das Cyclotrisiloxan **72** gebildet. Als weiteres Produkt entstand jedoch das Cyclodisiloxan **75a**, das schon als geringfügige Verunreinigung bei der Reaktion mit Cyclohexylisocyanat beobachtet wurde. Weitere Versuche zeigten, daß mit zunehmender Verdünnung der Reaktionslösung das Produktverhältnis zugunsten des Cyclodisiloxans **75a** verschoben wurde. Während bei der Reaktion von **17a** mit *tert*-Butylisocyanat aus einer relativ konzentrierten Lösung (240 mmol **17a**/L) ein Produktverhältnis von **72** : **75a** = 2 : 1 entstand, veränderte sich das Verhätnis zu 1 : 4, wenn die Reaktion in einer verdünnten Reaktionslösung (50 mmol/L) durchgeführt wurde. Ein ähnliches Verhalten wurde bei der Reaktion von **17a** mit Cyclohexylisocyanat beobachtet: Bei der Umsetzung in einer verdünnten Lösung (75 mmol/L) entstanden **72** und **75a** in einem Verhältnis von 1 : 1. In Gegenwart von D_3 wurde unter allen angeführten Reaktionsbedingungen nur die Bildung des Cyclotetrasiloxans **73** beobachtet. Um auszuschließen, daß weder **72** noch **75a** mit D_3 zu **73** reagieren, wurde in Kontrollexperimenten gezeigt, daß keines der beiden Cyclosiloxane mit D_3 zu **73** umgesetzt wird.

Die Reaktion von **17a** mit Phenylisocyanat verlief nicht annähernd so glatt wie die mit Cyclohexyl- und *tert*-Butylisocyanat. Während im letzteren Fall ausschließlich **72** und **75a** gebildet wurden, entstand bei der Reaktion von **17a** mit Phenylisocyanat ein sehr komplexes Reaktionsgemisch, aus dem durch Kristallisation aus Diethylether 23% Cyclodisiloxan **75a** isoliert wurden. In Gegenwart von D_3 wurde eine Mischung aus **73** und **75a** in einem Verhältnis 5 : 1 neben vielen unidentifizierten Nebenprodukten gebildet.

Im Vergleich zu den Verschiebungen der Signale im ^{29}Si-NMR-Spektrum anderer bekannter Cyclodisiloxane (**75b**: $\delta = -3.4$; **75c**: $\delta = -3.3$)[122] ist das Signal von **75a** deutlich zu hohem Feld verschoben ($\delta = -45.4$). Dieses Phänomen ist für hochkoordinierte Siliciumverbindungen bekannt und ist ein hinreichendes Kriterium für das Vorliegen eines höher koordinierten Siliciumkerns in Lösung[45]. Durch eine Röntgenstrukturanalyse konnte die Annahme einer Koordination der Stickstoffatome an die Siliciumatome für den festen Zustand bestätigt werden. **75a** kristallisiert mit zwei symmetrieunabhängigen, geometrisch geringfügig unterschiedlichen Molekülen pro asymmetrischer Einheit, die in Näherung eine C_2-Symmetrie aufweisen. Alle Stickstoffatome zeigen im Festkörper eine Orientierung hin zu einem Siliciumatom. Sofern der Abstand des Stickstoffatoms vom Siliciumkern als qualitatives Maß für die Stärke der Koordination genommen werden darf, ist an jeweils einem Siliciumzentrum ein Stickstoffatom stärker koordiniert (Si(1)···N(21) = 266.5 pm, Si(2)···N(41) = 269.6 pm) als das andere (Si(1)···N(11) = 297.2 pm, Si(2)···N(31) = 291.7 pm). Werden jeweils beide Stickstoffatome zur Bestimmung der Geometrie am Siliciumatom hinzugezogen, so ergibt sich ein verzerrter Oktaeder. Wenn allerdings die schwächer koordinierenden Aminogruppen vernachlässigt werden, so wird eine verzerrte trigonale Bipyramide ausgebildet, bei der das Donorstickstoffatom und ein Sauerstoffatom des Siloxanringes in axialer Position stehen. Die Äquatorebene wird von den beiden *ipso*-Kohlenstoffatomen und einem Sauerstoffatom gebildet. Die Struktur von **75a**, die sich auch als eine trigonale Bipyramide auf dem Weg zur Ausbildung eines Oktaeders beschreiben läßt, ist ein Beispiel für die Zwischenstufe, die von Britton und Dunitz für die $(S_N2)^2$-Reaktion postuliert wird[123]. Dieses Modell beschreibt den Angriff zweier Nucleophile auf ein Reaktionszentrum, wobei das zweite Nucleophil bereits deutlich an das Reaktionszentrum angenähert ist, bevor das erste Nucleofug von diesem entfernt worden ist. Genau diese Situation wird durch die verschieden starken Wechselwirkungen der Aminostickstoffatome mit den Siliciumzentren in **75a** beispielhaft dargestellt. Die Sauerstoffsubstituenten fungieren in diesem Modell als Abgangsgruppen. Und tatsächlich wird eine leichte Verlängerung der Si–O-Bindungslängen, die bezogen auf die trigonale Bipyramide axial zu den stärker koordinierenden Aminogruppen stehen (Si(1)–O(2) und Si(2)–O(1)), gefunden. Der dadurch leicht zu einem Parallelogramm verzerrte Si_2O_2-Ring ist mit einer maximalen Auslenkung von 1.46 pm (bzw. 0.93 pm) aus der besten Ebene annähernd planar. In Übereinstimmung mit den bisher berichteten Strukturen von anderen Cyclodisiloxanen[124] ist der nichtbindende Abstand zwischen den Siliciumatomen mit 242.8 pm nur geringfügig länger als eine Si–Si-Einfachbindung. Lange Zeit wurde über eine Bindung zwischen den Siliciumatomen in 1,3-Cyclodisiloxanen diskutiert, doch ist mittlerweile anerkannt, daß die Ursache für den kurzen Abstand eher die cyclische Struktur als eine bindende Wechselwirkung der Siliciumatome ist[125]. Eine Besonderheit der Struktur von **75a** ist die signifikante Aufweitung der Winkel, die von den *ipso*-Kohlenstoffatomen und den von ihnen eingeschlossenen Siliciumatomen gebildet werden (C(11)–Si(1)–C(21): 121.3°; C(31)–Si(2)–C(41): 123.6°). Da eine derartige Aufweitung bei **75b** (115.5°) nicht gefunden wurde, obwohl der Mesitylsubstituent sterisch anspruchsvoller ist als der 2-(Dimethylaminomethyl)phenyl-Substituent, kann diese Beobachtung nicht mit sterischen Wechselwirkungen begründet werden. Möglicherweise wird jedoch durch diese Winkelaufweitung eine vorteilhafte Konformation des bei der Koordination gebildeten Fünfringes ($SiNC_3$) begünstigt.

50

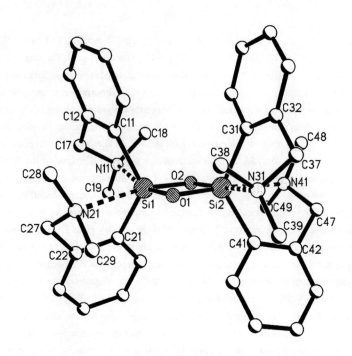

Abb. 13. Struktur von **75a** im Kristall; ausgewählte Abstände [pm] und Winkel [°] (der durch
einen Schrägstrich abgetrennte Wert bezeichnet jeweils chemisch äquivalente Strukturparameter
des zweiten, kristallographisch unabhängigen, Moleküls): Si(1)–O(1) 166.0(4)/167.6(4),
Si(1)–O(2) 169.2(4)/168.4(4), Si(1)–N(11) 297.2(5)/292.2(5), Si(1)–N(21) 266.5(5)/-
268.2(5), Si(1)–C(11) 188.7(5)/187.1(6), Si(1)–C(21) 186.9(5)/187.6(5), Si(2)–O(1)
169.0(4)/169.2(4), Si(2)–O(2) 166.8(4)/166.5(4), Si(2)–N(31) 291.7(5)/285.6(5), Si(2)–
N(41) 269.6(5)/276.6(5), Si(2)–C(31) 187.5(5)/185.5(5), Si(2)–C(41) 187.1(6)/186.8(5),
Si(1)–Si(2) 242.8(2)/242.6(2), O(1)–O(2) 231.6(5)/232.3(5); O(1)–Si(1)–C(11) 109.8(2)/-
109.1(2), O(1)–Si(1)–C(21) 116.5(2)/114.7(2), C(11)–Si(1)–C(21) 121.3(2)/122.4(2), O(1)–
Si(1)–N(11) 164.6(2)/166.1(2), O(2)–Si(1)–N(21) 165.4(2)/165.7(2), O(2)–Si(2)–C(31)
109.2(2)/109.0(2), C(31)–Si(2)–C(41) 123.6(2)/124.7(2), O(2)–Si(2)–C(41) 114.8(2)/-
112.1(2), O(2)–Si(2)–N(31) 163.7(2)/166.6(2), O(1)–Si(2)–N(41) 168.0(2)/169.0(2).

$$t\text{-Bu}_2\text{Si}\diagdown_N \diagup^{\displaystyle \overset{\text{O}}{\underset{}{\overset{\text{Si}}{\overset{t\text{-Bu}_2}{|}}}}\diagdown \text{Si}t\text{-Bu}_3$$

76

Das Cyclotrisilan **17a** verhält sich demnach vollkommen anders gegenüber Isocyanaten als das Cyclotrisilan **17b**, das mit Tri-*tert*-butylsilylisocyanat auf einem noch nicht geklärten Weg zum fünfgliedrigen Ring **76** reagiert[126]. Formal wurde bei der Reaktion von **17a** mit Isocyanaten das Silandiyl **20a** zum Silanon **74** oxidiert, welches weiter oligomerisierte. Diese Art der Sauerstoffübertragung von Isocyanaten auf ein Silandiyl ist beispiellos. Die Oxidation von Silandiylen wurde bislang nur bei der Umsetzung mit Dimethylsulfoxid[127], N-Amin-oxiden[127] oder Epoxiden[128] beobachtet. Als reaktive Zwischenstufe wurde dabei jeweils das entsprechende Silanon postuliert. Als ein eindeutiger Hinweis auf dieses Intermediat wurde die positive Abfangreaktion mit D_3 zu den entsprechenden Cyclotetrasiloxanen angeführt. Diese Argumentation scheint jedoch nicht ganz stichhaltig zu sein, da auch ein anders geartetes Intermediat wie beispielsweise ein Silaylid das gleiche Abfangprodukt bilden dürfte. Bei tiefen Temperaturen hingegen wurden in einer Argonmatrix tatsächlich Silanone durch Oxidation von Silandiylen mit N_2O[129] und molekularem Sauerstoff[130] dargestellt und spektroskopisch identifiziert.

Bei der Primäraddition des Silandiyls an ein Isocyanat sind damit prinzipiell drei instabile Produkte denkbar (Schema 15): a) Aus einer konzertierten [2+2]-Cycloaddition resultiert das Siloxiran **79** mit exocyclischer C=N-Doppelbindung; dieser Weg ist jedoch, wie bei der Reaktion mit Ketonen, eher unwahrscheinlich. b) Ein elektrophiler Angriff des Silandiyls an das Sauerstoffatom würde zu dem Silaylid **77** führen. c) Nimmt das Silandiyl die Möglichkeit eines nucleophilen Angriffs an das Kohlenstoffatom wahr, wie es bei der Reaktion nucleophiler Carbene mit Isocyanaten beobachtet wurde[131], so entsteht das Zwitterion **78**. Daß nucleophile Siliciumverbindungen tatsächlich in einem einleitenden Reaktionsschrit das elektrophile Kohlenstoffatom eines Isocyanats angreifen können, wurde bereits bei der Reaktion einer Silyllithiumverbindung mit einem Isocyanat gezeigt[132]. Die Primärprodukte **77b** oder **78** können nun weiter zu dem Siloxiran **79** cyclisieren. Das Siloxiran kann dann in einer Cycloreversion zum Silanon **74** und dem entsprechenden Isonitril zerfallen. Das Silanon **74** wird dann von D_3 unter Bildung von **73** abgefangen oder oligomerisiert in Abwesenheit eines Abfängers. Bei hohen Absolutkonzentrationen wird bevorzugt das Trimerisierungsprodukt **72** gebildet, während bei hoher Verdünnung das Dimer **75a** das Hauptprodukt wird. Sowohl die Dimerisierung[17;133] als auch die Trimerisierung[121] von Silanonen ist beschrieben worden.

Schema 15.

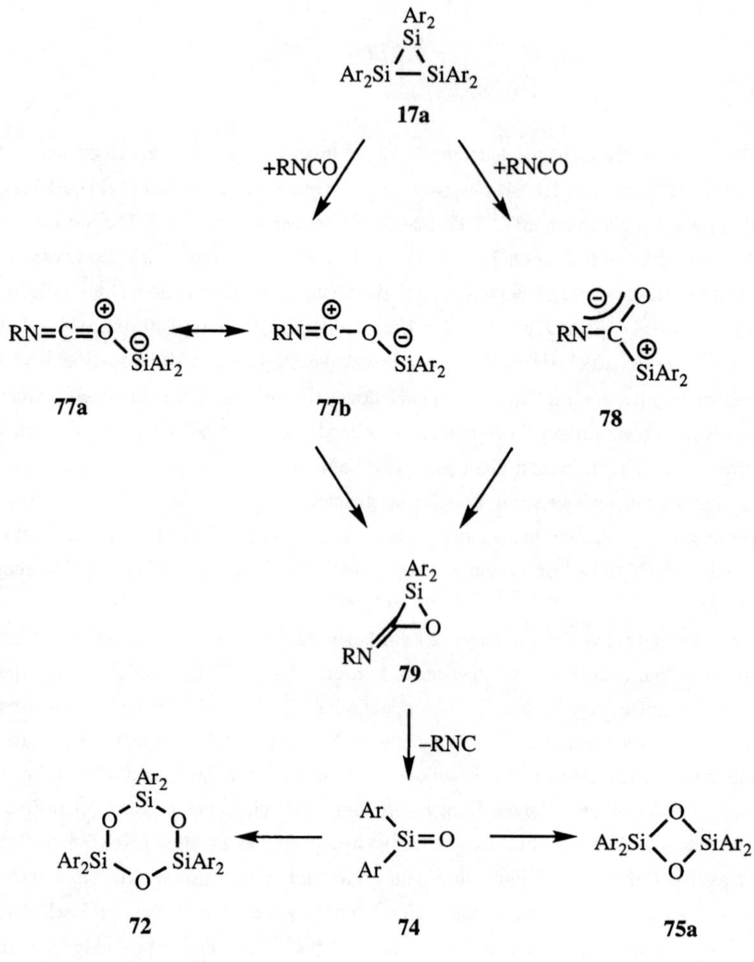

$$Ar_2Si \overset{\overset{\displaystyle Ar_2}{\displaystyle Si}}{\diagup \diagdown} SiAr_2$$

17a

+RNCO   +RNCO

RN=C=O⁺ ... SiAr₂⁻   ⟷   RN=C⁺-O ... O⁻SiAr₂   RN-C⁻ ... O ... ⁺SiAr₂

77a   **77b**   **78**

$$\underset{RN}{}\overset{\overset{\displaystyle Ar_2}{\displaystyle Si}}{=}\overset{O}{}$$

79

–RNC

72   74   75a

Ar = 2-(Me₂NCH₂)C₆H₄

Es muß jedoch darauf hingewiesen werden, daß ebenso die Möglichkeit besteht, daß **77** selbst unter Abspaltung des Isonitrils oligomerisieren oder mit D_3 zum Cyclotetrasiloxan abgefangen werden können; ein Siloxiran muß auf dem Reaktionsweg demnach ebensowenig wie ein freies Silanon gebildet werden. Eine eindeutige Präferenz für einen der formulierten Reaktionswege kann es also auf der Grundlage der vorliegenden Daten keinesfalls geben. Zudem zeigen die Ergebnisse bei der Reaktion von **17a** mit Phenylisocyanat, daß diese Reaktion wiederum auf einem anderem Reaktionsweg verlaufen könnte als die mit Cyclohexyl- und *tert*-Butylisocyanat: Weder verläuft die Reaktion mit Phenylisocyanat ausschließlich zu den zwei Cyclosiloxanen noch läßt sich die reaktive Zwischenstufe quantitativ abfangen. Möglicherweise könnte bei der Reaktion von Phenylisocyanat mit **17a** das dabei entstehende Phenylisonitril die Reaktion stören; im Gegensatz zu Cyclohexyl- und *tert*-Butylisonitril, die den Reaktionsverlauf nicht negativ beeinflussen.

$$\left[\begin{array}{c} Cp^* \\ \quad \diagdown \\ \qquad Si = S \\ \quad \diagup \\ Cp^* \end{array} \right]$$

80

Die Bildung eines intermediären Silanons **74** bei der Reaktion von Isocyanaten mit **17a** ist weiterhin Gegenstand von Spekulationen. Ein zu einem Silanon homologes Silathion **80** ist auch als reaktive Zwischenstufe bei der Reaktion von Decamethylsilicocen mit Phenylisothio-cyanat formuliert worden[134]; in diesem Fall reagierte das Silathion jedoch mit überschüssigem Isothiocyanat weiter. Bei der Reaktion von **17a** mit Phenylisothiocyanat wurde als einziges Reaktionsprodukt das Silathion **81a** gebildet (Schema 16), dessen Stabilität vermutlich auf der Ausbildung der zwitterionischen Form **81b** beruht. In einem qualitativen Versuch wurde das Silan **82** mit elementarem Schwefel ebenfalls in **81** überführt (Schema 16); diese Reaktion ist schon von Corriu et al. erfolgreich zur Bildung stabiler Silathione eingesetzt worden[135]. Die gleiche Arbeitsgruppe hat auch einen anderen Zugang zu Silathionen und deren Oligomeren durch Reaktion von Diaminosilanen mit Heterocumulenen erarbeitet[136]. Die Struktur von **81** ist in erster Linie durch das FAB-Massenspektrum belegt. Die Verschiebung des Signals im ^{29}Si-NMR-Spektrum ist mit $\delta = -21.0$ deutlich zum hohen Feld verschoben, wenn es mit der Verschiebung eines anderen, tetrakoordinierten Silanthions[135] verglichen wird ($\delta = 22.3$). Die Hochfeldverschiebung von **81** weist auf eine fünffache Koordination in Lösung hin. Eine Strukturuntersuchung im Festkörper, die diese Annahme bestätigen könnte, wurde noch nicht durchgeführt. Die Isolierung des Silathions **81a**, dessen Bildung nach denselben Mechanismen wie bei **72** und **75a** verlaufen dürfte, macht auch die Ausbildung eines Silanons **74** im Verlauf der Reaktion von **17a** mit Isocyanaten plausibel. Die darauf folgende Oligomerisierung ist dann durch die zusätzlich gewonnene Bindungsenergie der zwei bzw. drei neu gebildeten Si–O-Bindungen begünstigt. Die Si–S-Bindungsenergie ist wesentlich geringer, so daß eine Oligomerisierung möglicherweise keinen Energiegewinn mit sich bringt.

Schema 16.

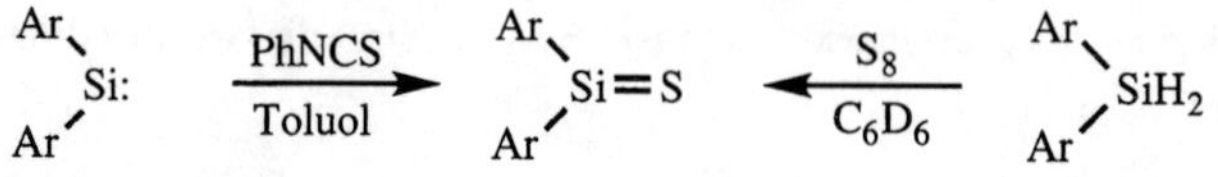

$$Ar = 2\text{-}(Me_2NCH_2)C_6H_4$$

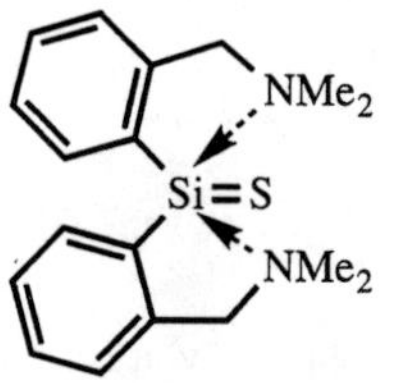

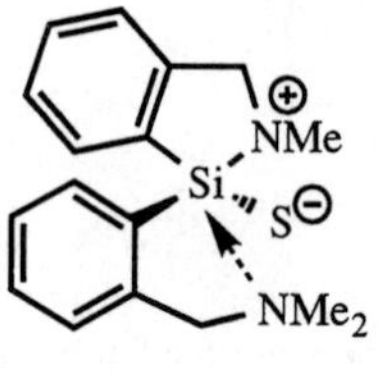

Die Cyclosiloxane **72** und **75a** hydrolysieren rasch und quantitativ zum Siloxandiol **83a**, das bei weiterem Stehen unter wäßrigen Bedingungen zum Silandiol **83b** weiterreagiert (Schema 17). Der Versuch, **83a** mit P_4O_{10} zum Cyclodisiloxan **75a** zu dehydratisieren, ist nicht gelungen. Eine isolierte Probe vom Siloxandiol **83a** wurde allerdings nach 8 h bei 200 °C im Vakuum (10^{-2} Torr) unter Bildung des Cyclotrisiloxans **72** entwässert. Mit der gleichen Methode ließ sich das Silanol **83b** in **72** überführen. Die ^{1}H-NMR-spektroskopische Untersuchung der Reaktion zeigte, daß dabei zunächst Siloxandiol **83a** gebildet wurde. Um zu überprüfen, ob unter diesen drastischen Bedingungen auch das Cyclodisiloxan **75a**, das formal das primäres Produkt der intramolekularen Dehydratisierung von **83a** sein sollte, zum Cyclotrisiloxan **72** reagiert, wurde eine isolierte Probe von **75a** unter diesen Bedingungen thermolysiert, und das Cyclotrisiloxan **72** wurde ohne Nebenprodukt gebildet. So darf angenommen werden, daß Cyclodisiloxan **75a** als Intermediat in der Thermolyse der Silanole **83a** und **83b** auftritt, unter den extremen Bedingungen jedoch zu dem Cyclotrisiloxan **72** weiterreagiert.

Schema 17.

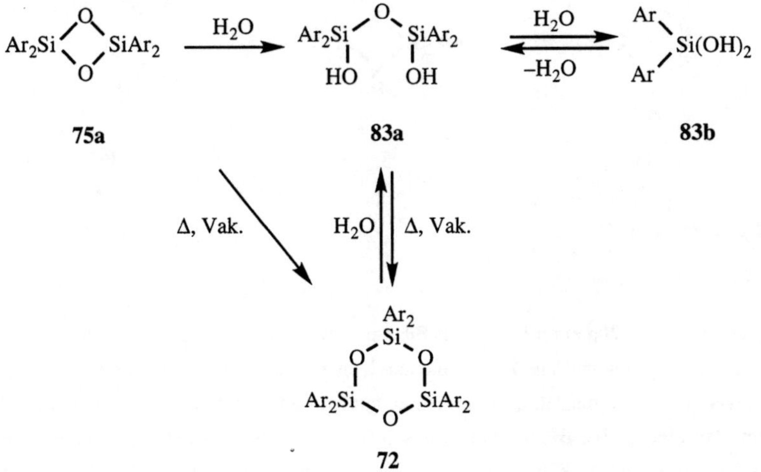

75a **83a** **83b**

72

Ar = 2-(Me$_2$NCH$_2$)C$_6$H$_4$

7. Hat das Silandiyl 20a nucleophile Eigenschaften?

Nucleophile Carbene sind in der Organischen Chemie seit langem bekannt[40]. Mit der Synthese des Carbens **84** ist kürzlich sogar ein bei Raumtemperatur stabiles, nucleophiles Carben dargestellt worden[137]. Einer der wohl am besten untersuchten Vertreter dieser Verbindungsklasse ist das Dimethoxycarben. Dessen Nucleophilie wird beispielsweise belegt durch die Regiospezifität bei der Addition an 6,6-Dimethylaminofulven, einem Indikatorreagenz für elektrophiles, nucleophiles und ambiphiles Verhalten[138]. Dimethoxycarben ist ein Singulettcarben, was durch die stereospezifische Addition an α-oder β-Deuterio-Styrol nachgewiesen wurde[139]. Es ist darüber hinaus auch in einer Argon-Matrix spektroskopisch untersucht worden[140]. Ein homologes Dialkoxysilandiyl ist in der Siliciumchemie bereits untersucht worden, und es wurde eine ausgesprochene Reaktionsträgheit gegenüber Olefinen beobachtet[141]. Daneben ist auch das Methylmethoxysilandiyl beschrieben worden[119b]. Weitere Silandiyle, die möglicherweise nucleophile Eigenschaften haben, sind die Stickstoff-substituierten Silandiyle 14[142], 85[143] und 86[144]. Eine systematische Untersuchung zur Nucleophilie dieser Silandiyle ist leider noch nicht durchgeführt worden.

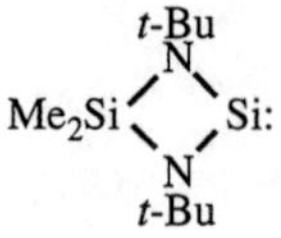

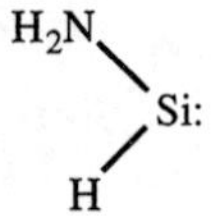

84　　　　**85**　　　　**86**

Ad = 1-Adamantyl

Möglicherweise ist **20a** ein nucleophiles Silandiyl: Die leichte Verfügbarkeit durch die milde Thermolyse des Cyclotrisilans **17a** könnte durch eine intramolekulare Basenstabilisierung des Silandiyls erklärt werden; und *ab initio*-Rechnungen an dem $H_2Si \cdots NH_3$-System belegen zudem, daß eine dative Bindung des Stickstoffatoms an das divalente Silicium mit einem Energiegewinn von 97 kJ/mol einhergeht[86]. Wenn also das freie Silandiyl **20a** basen-stabilisiert ist, so dürfte durch die Koordination des Aminostickstoffs in ein leeres p-Orbital die Elektronenlücke des Silandiyls zumindest teilweise abgesättigt sein, und das besetzte σ-Orbital wäre das reaktive Zentrum.

Schema 18.

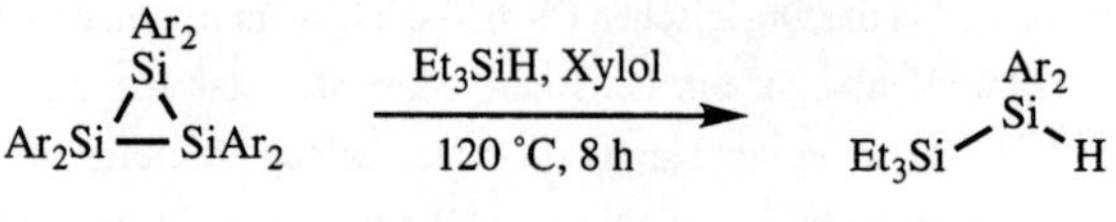

17a　　　　　　　　**87**

Ar = 2-(Me$_2$NCH$_2$)C$_6$H$_4$

Einige experimentelle Befunde haben bereits auf ein fehlendes elektrophiles Verhalten des Silandiyls **20a** hingewiesen. Beispielsweise findet mit Cyclohexen, einem typischen Abfangreagenz für elektrophile Silandiyle, keine Umsetzung statt. Diese Eigenschaft kann nicht allein auf sterische Wechselwirkungen zurückgeführt werden, da mit dem ähnlich raumbeanspruchenden 1,3-Cyclohexadien eine glatte Reaktion beobachtet wurde. Der Grund für dessen erhöhte Reaktivität scheint die geringere Elektronendichte der konjugierten Doppelbindungen zu sein. Eine weitere klassische Reaktion von Carbenen und Silandiylen ist die Insertion in eine Si–H-Bindung. Der einleitende Angriff verläuft hierbei normalerweise ohne Aktivierungsenergiebarriere elektrophil an die Si–H-Bindung[145]. Die Reaktion von **17a** mit Triethylsilan verlief jedoch unter den üblichen thermischen Bedingungen vergleichsweise langsam. Beim Erwärmen einer C_6D_6-Lösung von **17a** und Triethylsilan auf 60 °C war die Reaktion nach 4 Tagen immer noch nicht abgeschlossen. Erst unter drastischeren Bedingungen wurde die Reaktionszeit verkürzt: Rühren einer Lösung von **17a** und Triethylsilan in Xylol bei 120 °C für 8 h ergab nach destillativer Aufarbeitung das Disilan **87** in 40% Ausbeute (Schema 18).

Schema 19.

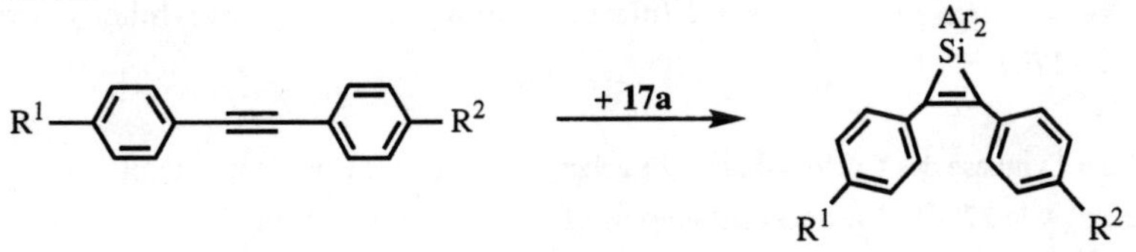

21f, i, k   **22f, i, k**

$Ar = 2\text{-}(Me_2NCH_2)C_6H_4$; **f**: $R^1 = R^2 = H$; **i**: $R^1 = R^2 = MeO$; **k**: $R^1 = MeO_2C$; $R^2 = EtO_2C$

Genauere Aussagen sollten sich jedoch mit einem Konkurrenzexperiment von **17a** mit zwei Substraten unterschiedlicher Elektrophilie machen lassen. Um sterische Faktoren bei der Untersuchung der Nucleophilie weitestgehend auszuschließen, wurde die Reaktion des Cyclotrisilans **17a** mit Diphenylacetylen zum Silacyclopropen **22f** als Standardreaktion gewählt (Schema 19). Durch eine entsprechende Substitution in *para*-Stellung der Phenylsubstituenten wird die Elektronendichte an der Dreifachbindung variiert, ohne die sterische Situation am reaktiven Zentrum zu beeinflussen. Di-(4-methoxyphenyl)acetylen (**21i**) wurde als elektronenreiches und 4-(Ethyloxycarbonyl)phenyl-4'-(methyloxycarbonyl)phenylacetylen (**21k**) als elektronenarmes

Alkin eingesetzt. In einer Konkurrenzreaktion einer 1 : 1 Mischung von **21f** und **21i** mit 0.33 Äquivalenten Cyclotrisilan **17a** wurde nach ^{1}H-NMR-spektroskopischer Untersuchung des Reaktionsgemisches das Verhältnis der Silacyclopropene **22f** : **22i** zu 2.5 : 1 bestimmt. Unter den gleichen Bedingungen wurde ein Konkurrenzexperiment zwischen **21f** und **21k** mit Cyclotrisilan **17a** durchgeführt. In diesem Fall gestaltete sich die ^{1}H-NMR-spektroskopische Untersuchung das Reaktionsgemisches wegen vieler Signalüberschneidungen von Produkten und Edukten nicht so einfach. Das Verhältnis der Silacyclopropene **22k** : **22f** = 2 : 1 kann daher nur mit einer großen Fehlerabweichung angegeben werden. Mit diesen beiden Ergebnissen läßt sich ein Trend in der Reaktivität von **20a** gegenüber Alkinen feststellen: Mit Abnahme der Elektronendichte an der Dreifachbindung steigt die Reaktivität des Silandiyls gegenüber dem Alkin. Damit ist belegt worden, daß das Silandiyl **20a** keinen ausgeprägten elektrophilen Charakter mehr aufweist, sondern vielmehr einen nucleophilen Angriff bevorzugt ausführt. Diese Eigenschaft läßt sich zwanglos mit der postulierten intramolekularen Basenkoordination an das elektrophile Zentrum des Silandiyls erklären, die damit auch indirekt bewiesen sein dürfte.

8. Reaktionen von Hexakis[2-(dimethylaminomethyl)-5-methylphenyl]cyclotrisilan (17h)

Mit der Synthese des Cyclotrisilans **17h** gelang der Zugang zu einem strukturell sehr ähnlichen Dreiring wie **17a**[61]. Die spektroskopischen Befunde decken sich mit denen des Cyclotrisilans **17a** (^{29}Si-NMR (C_6D_6): δ = −66.0; UV/VIS (Hexan/THF): λ = 370 nm (log ε = 2.9)). Um zu untersuchen, inwieweit eine ähnliche Struktur eine analoge Reaktivität zur Folge hat, wurden exemplarisch zwei beispielhafte Reaktionen des Cyclotrisilans **17a** mit **17h** durchgeführt (Schema 20). Dabei sollte die Frage geklärt werden, ob **17h** ebenfalls in der Lage ist, alle drei Silandiylfragmente **20h** auf Abfangreagenzien zu übertragen. Eine klassische Reaktion zum Abfangen von Silandiylen ist die Umsetzung mit Butadienen. Cyclotrisilan **17a** beispielsweise reagierte unter milden, thermischen Bedingungen mit 2,3-Dimethyl-1,3-butadien glatt zum Silacyclopenten **42**. Rühren einer Lösung von **17h** mit 2,3-Dimethyl-1,3-butadien in Toluol für 3 d bei 40 °C ergab nach destillativer Aufarbeitung 40% des Silacyclopentens **88**. ^{1}H-NMR-spektroskopische Untersuchung der Reaktionslösung zeigte, daß diese Reaktion im Gegensatz zur Bildung von **42** nicht eindeutig verlief. Es entstanden noch Spuren einiger nicht identifizierter Nebenprodukte. Der erste Eindruck, daß die Reaktion von **17h** wesentlich langsamer verläuft als die von **17a** konnte durch die Reaktion mit Benzophenonanil bestätigt werden: Die Umsetzung von Benzophenonanil mit **17h** bei 60 °C war erst nach zwei Tagen abgeschlossen. Als Reaktionsprodukt wurde das Azasilacyclopenten **89** in 31% Ausbeute isoliert.

Um die relativen Geschwindigkeiten, mit denen **17a** und **17h** reagieren, qualitativ zu bestimmen, wurde ein Konkurrenzexperiment durchgeführt. Eine 1 : 1-Mischung der beiden Cyclotrisilane **17a** und **17h** wurde in Gegenwart von 3 Äquivalenten 2,3-Dimethyl-1,3-butadien auf 75 °C erwärmt. Eine ^{1}H-NMR-spektroskopische Untersuchung des Reaktions-gemisches ergab, daß sich nach Verbrauch allen Butadiens ausschließlich das Silacyclopenten **42** gebildet hatte. Neben den Signalen des unverbrauchten **17h** waren keine Spuren des Silacyclopentens **88** zu erkennen. Damit wurde gezeigt, daß Cyclotrisilan **17h** wesentlich langsamer seine Silandiyluntereinheiten auf geeignete Abfänger überträgt als **17a**. Bei den Untersuchungen zur Reaktivität des Cyclotrisilans **17a** wurde angeführt, daß ein wesentlicher Grund für die relativ milde Übertragung des Silandiyls **20a** die Stabilisierung dieser divalenten Siliciumverbindung durch die Koordination eines Aminostickstoffatoms sein dürfte. Da es keine Hinweise auf eine schlechtere Koordinationsfähigkeit des 2-(Dimethylaminomethyl)-5-methylphenyl-Substituenten im Vergleich zum 2-(Dimethylaminomethyl)phenyl)-Substituenten

Schema 20.

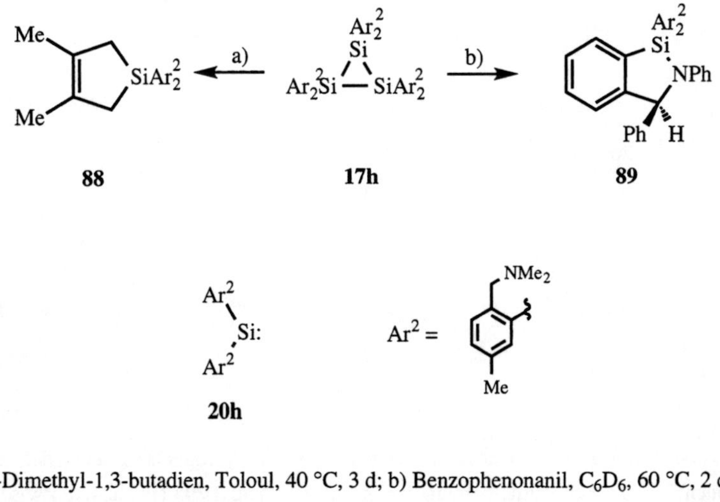

a) 2,3-Dimethyl-1,3-butadien, Toloul, 40 °C, 3 d; b) Benzophenonanil, C_6D_6, 60 °C, 2 d

gibt[34c], kann jedoch eine mangelnde Stabilisierung des freien Silandiyls **20h**, die die Reaktionsträgheit erklären könnte, ausgeschlossen werden. Andererseits ist aber davon auszugehen, daß eine koordinative Wechselwirkung zwischen den Aminogruppen und den Siliciumzentren bereits im Verlauf der Ringöffnung der Cyclotrisilane **17a** und **17h** einen wesentlichen Reaktionschritt darstellt und die folgende Stabilisierung der Silandiyle **20a** und **20h** erst ermöglicht. Möglicherweise schränkt also im Cyclotrisilan **17h** die zusätzliche Methylgruppe in der 5-Position die Rotation der Arylsubstituenten um die Si–C-Bindung soweit ein, daß eine zur Koordination geeignete Konformation nicht ohne erheblichen Energieaufwand zu erreichen ist. Die im Vergleich mit **17a** eingeschränkte Reaktivität von **17h** kann damit plausibel gemacht werden. Zur vollständigen Untermauerung dieser These ist jedoch eine genauere Strukturanalyse von **17h** notwendig.

Schema 21.

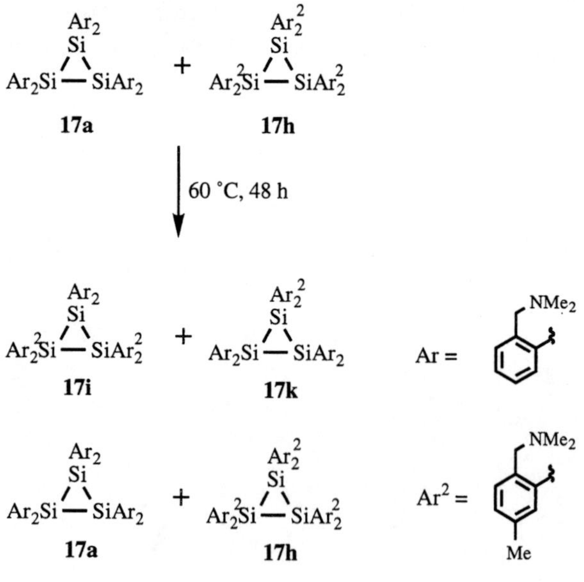

Durch den Nachweis eines Gleichgewichts zwischen dem Cyclotrisilan **17a** und den Silacyclopropanen **32a** und **32b** wurde gezeigt, daß das freie Silandiyl **20a** als reaktive Zwischenstufe bei der Reaktion des Cyclotrisilans **17a** auftritt und unter bestimmten Bedingungen auch wieder zum Cyclotrisilan rekombinieren kann. Daher sollte es durchaus möglich sein, durch die Thermolyse beider Cyclotrisilane **17a** und **17h** ohne Abfangreagenzien eine statistische

Rekombination der Silandiyle **20a** und **20h** zu erreichen. Erwärmen eines 1 : 1.1-Gemisches von **17a** und **17h** in C_6D_6 wurde auf 60 °C erwärmt und nach 48 h stellte sich ein Produktverhältnis ein, das sich, wie die ^{1}H-NMR-spektroskopische Beobachtung zeigte, nicht mehr wesentlich veränderte (Schema 21). Neben den Signalen der Cyclotrisilane **17a** und **17h** sind einige neue Signale erschienen, die jedoch in ^{1}H-NMR-Spektrum nicht eindeutig zugeordnet werden konnten. Die ^{29}Si-NMR-spekroskopische Untersuchung des Reaktions-gemisches wies ebenfalls die Signale von **17a** und **17h** auf (δ = –64.7 und –66.0). Daneben sind vier weitere Signale im für Cyclotrisilane charakteristischen Bereich erschienen (δ = –64.8, –65.1, –65.7 und –65.8). Weitere Signale wurden im ^{29}Si-NMR-Spektrum nicht detektiert. Das Ergebnis kann dahingehend interpretiert werden, daß tatsächlich eine Rekombination der Silandiyle **20a** und **20h** zu den bekannten Cyclotrisilanen **17a** und **17h** sowie den kombinierten Cyclotrisilanen **17i** und **17k** stattgefunden hat. Eine eindeutige Zuordnung der Signale zu den Cyclotrisilanen **17i** und **17k** war leider nicht möglich. Diese Austauschreaktion von Silandiylen zwischen zwei Cyclotrisilanen ist bislang beispiellos und ist ein weiterer Hinweis darauf, daß bei der Reaktion der Cyclotrisilane freie Silandiyle **20a** und **20h** als reaktive Zwischenstufen auftreten.

C. Experimenteller Teil

1. Allgemeines

-^{1}H-NMR-Spektroskopie: Varian XL 200 (200 MHz), Bruker AMX 250 (250 MHz), Bruker AMX 300 (300 MHz); Referenzen: δ = 0.00 für Tetramethylsilan, δ = 7.26 für Chloroform, δ = 7.16 für [D$_5$]Benzol; Charakterisierung der Signalaufspaltungen: s = Singulett, d = Dublett, t = Triplett, q = Quartett, m = Multiplett, br. = breites Signal. Die Signalmuster der aromatischen Protonen wurden, soweit dies vertretbar ist, nach 1. Ordnung ausgewertet. – ^{13}C-NMR-Spektroskopie: Varian XL 200 (50.3 MHz), Bruker AMX 300 (75.5 MHz), Bruker AM 250 (62.9 MHz); Referenzen: δ = 0.0 für Tetramethylsilan, δ = 77.0 für CDCl$_3$, δ = 128.0 für C$_6$D$_6$. Zum Zwecke der Signalzuordnung wurden DEPT- und/oder APT-Spektren herangezogen. – ^{29}Si-NMR-Spektroskopie: Bruker AMX 300 (59.6 MHz); Referenz: δ = 0.0 für Tetramethylsilan, δ = –21.4 für Poly(dimethylsiloxan) in C$_6$D$_6$. Zur Datenaufnahme wurde die INEPT-Technik verwendet. Soweit nicht anders angegeben, wurden die ^{29}Si-NMR-Spektren bei einer Meßtemperatur von 300 K aufgenommen. – IR-Spektroskopie: Bruker IFS 66. – Massenspektrometrie: Varian MAT 731, FAB-Spektren wurden in einer 3-Nitrobenzyl-alkoholmatrix (3-NBA) durchgeführt. Bei der Charakterisierung der Fragmentionen wurde, soweit dies eindeutig ist, das Kürzel "Ar" für den aromatischen Substituenten 2-(Me$_2$NCH$_2$)C$_6$H$_4$ sowie Ar^2 für 2-(Me$_2$NCH$_2$)-5-CH$_3$-C$_6$H$_3$ verwendet. – Röntgenbeugung: STOE-Siemens-AED bzw. STOE-Siemens-Huber Vierkreisdiffraktometer mit graphitmono-chromatisierter Mo-K$_\alpha$ Strahlung (λ = 71.073 pm). Die Messungen wurden im 2θ/ω-scan-modus durchgeführt. Die Strukturlösung erfolgte nach Direkten Methoden mit dem Programm SHELXS-90/92[146a], die Strukturverfeinerung mit dem Programm SHELX-93[146b]. – Säulen-Chromatographie: Merck Kieselgel (Korngröße 0.040-0.063 m, 230-400 mesh). – Dünnschicht-Chromatographie: Macherey & Nagel, Alugram SIL G/UV$_{254}$ auf Aluminiumfolie, Detektion unter UV-Licht bei 254 nm. – Schmelzpunkte: Büchi-Schmelz-punktbestimmungsapparat; die Schmelzpunkte wurden in Kapillaren gemessen und sind unkorrigiert. – Elementaranalysen wurden im Mikroanalytischen Laboratorium des Institutes für Organische Chemie der Universität Göttingen durchgeführt. Die molekulare Zusammen-setzung und die Massenreinheit wurde durch Elementaranalysen und/oder durch hochaufgelöste Massenspektrometrie mittels präselektiertem Ionen-Peak-Matching mit R~10000 innerhalb von ±2 ppm der exakten Masse untermauert.

Bedingt durch die extreme Feuchtigkeitsempfindlichkeit einiger Verbindungsklassen konnten keine befriedigenden Ergebnisse bei der Massenspektrometrie oder der Elementaranalyse erhalten werden. Durch partielle Hydrolyse bedingte Verunreinigungen in den Massenspektren werden als solche gekennzeichnet. (Unbefriedigende Elementaranalysen werden dann angegeben, wenn mehrere Versuche einen Trend zu den Werten der entsprechenden Hydrolyseprodukte aufzeigten.)

Sämtliche Manipulationen mit feuchtigkeits- und sauerstoffempfindlichen Verbindungen wurden unter Inertgas (Argon, 99.996%) und in i. Vak. ausgeheizten Apparaturen durchgeführt. Dabei wurden ausschließlich wasserfreie Lösungsmittel verwendet, die nach laboratoriumsüblichen Methoden getrocknet wurden. Chlorsilane wurden vor Gebrauch von Kaliumcarbonat oder Magnesiumspänen abdestilliert und über Magnesiumspänen aufbewahrt.

Die Cyclotrisilane **7a** und **17h** wurden nach Belzner[43],Cyclooctin nach Tietze-Eicher[147], 1,4-Di-*tert*-butyl-1,4-diaza-1,3-butadien und 1,4-Dicyclohexyl-1,4-diaza-1,3-butadien nach Kliegman und Barnes[148], Benzophenonanil und Fluorenon-2,6-dimethylanil (**64**) nach Reddelien[149], 4-(Ethyloxycarbonyl)phenyl-4-(methyloxycarbonyl)phenylacetylen (**21i**) nach Lau[150] und Di-(4-methoxyphenyl)acetylen (**21k**) nach Hagihara[151] dargestellt. Pd(PPh₃)₂Cl₂ wurde von Katharina Voigt und Peter Prinz, 2,2-Dimethylmethylencyclopropan von Stefan Bräse, Bicyclopropyliden von Viktor Belov und Thomas Späth freundlicherweise zur Verfügung gestellt.

2. Darstellung der Verbindungen

2.1. Reaktionen von 17a mit Alkinen

Allgemeine Arbeitsvorschrift (AAV1) zur Darstellung der Silacyclopropene 22a–f: Eine Lösung von 0.01–1.00 mmol **17a** in Toluol oder C_6D_6 wurde mit 3 Moläquivalenten (bei flüssigen Alkinen auch mit einem Überschuß) des entsprechenden Alkins **21a–f** für 4 h bei 50 °C gerührt. Nach Abkondensieren aller leicht flüchtigen Komponenten bei Raumtemp. i. Vak. verblieben die Silacyclopropene als ¹H-NMR-spektroskopisch saubere, farblose bis blaßgelbe Öle, die nicht weiter aufgearbeitet wurden.

1,1-Bis-[2-(dimethylaminomethyl)phenyl]-2-n-propyl-1-silacyclopropen (**22a**): ¹H-NMR (C_6D_6): δ = 1.03 (t,³J = 7 Hz; 3 H, CH₃), 1.75–2.04 (m; 2 H, CH₂), 1.94 (s; 12 H, NMe₂), 2.67 (dt, ³J = 7 Hz, ⁴J = 1 Hz; 2 H, CH₂), 3.28 (s; 4 H, CH₂N), 7.07–7.21 (m; 6 H, ar-H), 7.71 (dd, ³J = 8 Hz, ⁴J = 1 Hz; 2 H, ar-H), 8.58 (t, ⁴J = 1 Hz; 1 H, 3-H). – ¹³C-NMR (C_6D_6): δ = 14.6 (CH₃), 21.5 (CH₂), 38.7 (CH₂), 45.3 (NMe₂), 63.6 (CH₂N), 126.8 (ar-CH), 127.4 (ar-CH), 128.9 (ar-CH), 136.4 (ar-CH), 138.5 (ar-C$_q$), 144.3 (ar-C$_q$), 147.9 (C-

2), 180.5 (C-3, $^1J_{CH}$ = 166 Hz). – ^{29}Si-NMR (C$_6$D$_6$): δ = –106.3. – MS (EI, 70 eV) m/z (%): 364 (1) [M$^+$]. – C$_{23}$H$_{32}$N$_2$Si (364.60): ber. C 75.77, H 8.85; gef. C 74.55, H 8.82.

1,1-Bis-[2-(dimethylaminomethyl)phenyl]-2-trimethylsilyl-1-silacyclopropen (**22b**): ^{1}H-NMR (C$_6$D$_6$): δ = 0.30 (s; 9 H, SiMe$_3$), 1.92 (s; 12 H, NMe$_2$), 3.22 (s; 4 H, CH$_2$N), 7.10–7.13 (m; 6 H, ar-H), 7.71 (d, ^3J = 7 Hz; 2 H, ar-H), 10.12 (s; 1 H, 3-H). – ^{13}C-NMR (C$_6$D$_6$): δ = –0.9 (SiMe$_3$), 45.3 (NMe$_2$), 63.7 (CH$_2$N), 126.7 (ar-CH), 127.5 (ar-CH), 128.9 (ar-CH), 136.3 (ar-CH), 137.9 (ar-C$_q$), 144.3 (ar-C$_q$), 175.5 (C-3, $^1J_{CH}$ = 171 Hz), 189.3 (C-2). – ^{29}Si-NMR (C$_6$D$_6$): δ = –14.5 (SiMe$_3$), –106.3 (Si-1). – C$_{23}$H$_{34}$N$_2$Si$_2$ (394.71): ber. C 69.99, H 8.68; gef. C 67.32, H 8.63.

9,9-Bis[2-(dimethylaminomethyl)phenyl]-9-silabicyclo[6.1.0]non-1(8)-en (**22c**): ^{1}H-NMR (C$_6$D$_6$): δ = 1.61–1.82 (m; 8 H, 3-H, 4-H, 5-H, 6-H), 1.98 (s; 12 H, NMe$_2$), 2.82 (t, ^3J = 6 Hz; 4 H, 2-H, 7-H), 3.29 (s; 4 H, CH$_2$N), 7.01–7.28 (m; 6 H, ar-H), 7.71 (d, ^3J = 7 Hz; 2 H, ar-H). – ^{13}C-NMR (C$_6$D$_6$) δ = 26.2, 27.1, 32.2 (C-2, C-3, C-4, C-5, C-6, C-7), 45.3 (NMe$_2$), 63.9 (CH$_2$N), 126.6 (ar-CH), 127.3 (ar-CH), 128.7 (ar-CH), 136.6 (ar-CH), 138.8 (ar-C$_q$), 144.5 (ar-C$_q$), 162.7 (C-2, C-3). – ^{29}Si-NMR (C$_6$D$_6$) δ = –106.6. – MS (EI, 70 eV), m/z (%): 405 (2) [M$^+$ + H], 389 (5) [M$^+$ – Me], 346 (6) [M$^+$ – CH$_2$NMe$_2$], 288 (100) [M$^+_{Hydrolyse}$ – Ar], 272 (9) [M$^+$ – Ar].

1,1-Bis-[2-(dimethylaminomethyl)phenyl]-2,3-bis(trimethylsilyl)-1-silacyclopropen (**22d**): ^{1}H-NMR (C$_6$D$_6$): δ = 0.36 (s; 18 H, SiMe$_3$), 1.90 (s; 12 H, NMe$_2$), 3.18 (s; 4 H, CH$_2$N), 7.06–7.16 (m; 6 H, ar-H), 7.67 (dd, ^3J = 6 Hz, ^4J = 2 Hz; 2 H, ar-H). – ^{13}C-NMR (C$_6$D$_6$): δ = 0.7 (SiMe$_3$), 45.3 (NMe$_2$), 64.6 (CH$_2$N), 126.5 (ar-CH), 128.1 (ar-CH), 128.9 (ar-CH), 135.9 (ar-CH), 137.3 (ar-C$_q$), 145.4 (ar-C$_q$), 195.5 (C-2, C-3). – ^{29}Si-NMR (C$_6$D$_6$): δ = –13.7 (SiMe$_3$), –115.9 (Si-1).

1,1-Bis-[2-(dimethylaminomethyl)phenyl]-2-methyl-3-phenyl-1-silacyclopropen (**22e**): ^{1}H-NMR (C$_6$D$_6$): δ = 1.93 (s; 12 H, NMe$_2$), 2.47 (s; 3 H, Me), 3.23, 3.36 (AB-System, ^2J = 14 Hz; 4 H, CH$_2$N), 6.96–7.31 (m; 9 H, ar-H), 7.65 (dd, ^3J = 8 Hz, ^4J = 1 Hz; 2 H, ar-H), 7.80 (dd, ^3J = 7 Hz, ^4J = 1 Hz; 2 H, ar-H). – ^{13}C-NMR (C$_6$D$_6$): δ = 17.1 (Me), 45.3 (NMe$_2$), 63.8 (CH$_2$N), 126.4 (ar-CH), 126.9 (ar-CH), 127.5 (ar-CH), 128.6 (ar-CH), 129.0 (ar-CH), 129.1 (ar-CH), 136.5 (ar-CH), 138.2 (ar-C$_q$), 138.9 (ar-C$_q$), 144.3 (ar-C$_q$), 155.7 (C-2), 169.8 (C-3). – ^{29}Si-NMR (C$_6$D$_6$): δ = –109.6. – MS (EI, 70 eV), m/z (%): 412 (1) [M$^+$], 397 (1) [M$^+$ – Me], 296 (100) [Ar$_2$Si].

1,1-Bis-[2-(dimethylaminomethyl)phenyl]-2,3-diphenyl-1-silacyclopropen (**22f**): ^{1}H-NMR (C_6D_6): δ = 1.91 (s; 12 H, NMe_2), 3.32 (s; 4 H, CH_2N), 7.03–7.23 (m; 12 H, ar-H), 7.73 (d, ^3J = 7 Hz; 4 H, ar-H), 8.03 (d, ^3J = 7 Hz; 2 H, ar-H). – ^{13}C-NMR (C_6D_6): δ = 45.4 (NMe_2), 64.1 (CH_2N), 126.7 (ar-CH), 127.0 (ar-CH), 128.5 (ar-CH), 128.6 (ar-CH), 128.8 (ar-CH), 129.2 (ar-CH), 136.5 (ar-CH), 137.8 (ar-C_q), 139.5 (ar-C_q), 144.5 (ar-C_q), 164.7 (C-2, C-3). – ^{29}Si-NMR (C_6D_6): δ = –107.4.– $C_{32}H_{34}N_2Si$ (474.72): ber. C 80.96, H 7.22; gef. C 80.08, H 7.56.

Z-1-{Bis[2-(dimethylaminomethyl)phenyl]hydroxysilyl}cycloocten (**23a**): 237 mg (0.59 mol) von **22c** wurden in mit Wasser gesättigten Diethylether aufgenommen. Nach Entfernen des Lösungsmittels i. Vak. wurde in *n*-Pentan aufgenommen, mit $MgSO_4$ getrocknet und abfiltriert. Aus dem Filtrat kristallisierten 140 mg (56%) **23a** als farblose Kristalle (Schmp. 147 °C). – ^{1}H-NMR ($CDCl_3$): δ = 1.47 (m; 8 H, 4-, 5-, 6-, 7-H), 2.10 (s; 12 H, NMe_2), 2.21, 2.42 (2 x m; 4 H, 3-H,8-H), 3.40, 3.47 (AB-System, ^2J = 13 Hz; 4 H, CH_2N), 5.92 (t, ^3J = 8 Hz; 1 H, 2-H), 7.11–7.36 (m; 8 H, ar-H). – ^{13}C-NMR ($CDCl_3$) δ = 26.3, 26.5, 27.0, 27.9, 28.7, 29.8 (C-3, C-4, C-5, C-6, C-7, C-8), 44.6 (NMe_2), 64.2 (CH_2N), 126.2 (ar-CH), 129.3 (ar-CH), 129.6 (ar-CH), 136.3 (ar-CH), 137.6 (ar-C_q), 139.4 (C-1), 144.7 (ar-C_q), 144.8 (C-2). – ^{29}Si-NMR (C_6D_6) δ = –9.5. – MS (EI, 70 eV), *m/z* (%): 422 (1) [M$^+$], 288 (100) [M$^+$ – Ar], 58 (12) [$CH_2NMe_2^+$]. – $C_{26}H_{38}N_2OSi$ (422.68): ber. C 73.88, H 9.06, N 6.63; gef. C 73.72, H 9.04, N 6.66.

E-1-{Bis[2-(dimethylaminomethyl)phenyl]hydroxysilyl}-1,2-diphenylethen (**23b**): 167 mg (0.35 mmol) **22f** wurden in 20 mL mit Wasser gesättigtem Diethylether aufgenommen. Nach dem Abkondensieren aller flüchtigen Bestandteile i. Vak. wurde aus wenig *n*-Pentan kristallisiert, und 65 mg (37%) **23b** wurden als weißer Feststoff isoliert (Schmp. 83 °C). – ^{1}H-NMR ($CDCl_3$): δ = 2.10 (s; 12 H, NMe_2), 3.46, 3.58 (AB-System, ^2J = 13 Hz; 4 H, CH_2N), 6.82 (s; 1 H, 2-H), 6.95–7.24 (m; 12 H, ar-H), 7.37 (dd, ^3J = 5 Hz, ^4J = 1 Hz; 4 H, ar-H), 7.56 (d, ^3J = 7 Hz; 2 H, ar-H). – ^{13}C-NMR ($CDCl_3$): δ = 44.6 (NMe_2), 64.3 (NCH_2), 125.8 (ar-CH), 126.3 (ar-CH), 127.1 (ar-CH), 127.8 (ar-CH), 128.3 (ar-CH), 128.6 (ar-CH), 129.5 (ar-CH), 129.7 (ar-CH), 129.8 (ar-CH), 136.7 (ar-CH), 137.1 (C-1), 137.4 (ar-C_q), 141.6 (ar-C_q), 141.9 (C-2), 143.2 (ar-C_q), 144.8 (ar-C_q). – MS (EI, 70 eV), *m/z* (%): 492 (3) [M$^+$], 358 (100) [M$^+$ – Ar], 297 (13) [Ar_2Si + H$^+$]. – $C_{32}H_{36}ON_2Si$, (492.2596): korrekte HRMS.

3,3-Bis[2-(dimethylaminomethyl)phenyl]-3-silapent-1-en-4-in (**24b**): Eine Lösung von 525 mg (0.59 mmol) **17a** in 20 mL Tetrahydrofuran wurde bei 0 °C mit Acetylen (getrocknet über H_2SO_4/NaOH/Aktivkohle) gesättigt und 18 h bei Raumtemp. gerührt. Nach Abkondensieren der leicht flüchtigen Komponenten i. Vak. wurden durch Kugelrohrdestillation (175 °C/10^{-3} Torr) 100 mg (16%) **24b** als farbloses, hydrolyseunempfindliches Öl isoliert. – ^{1}H-NMR (CDCl$_3$): δ = 1.85 (s; 12 H, NMe$_2$), 2.64 (s; 1 H, 5-H), 3.24, 3.36 (AB-System, ^2J = 13 Hz; 4 H, CH$_2$N), 6.14 (dd, ^3J $_{trans}$ = 19 Hz, ^2J = 4 Hz; 1 H, 1-H$_{cis}$), 6.18 (dd, ^3J $_{cis}$ = 15 Hz, ^2J = 4 Hz; 1 H, 1-H$_{trans}$), 6.59 (dd, ^3J $_{trans}$ = 19 Hz, ^3J $_{cis}$= 15 Hz; 1 H, 2-H), 7.23–7.32 (m; 6 H, ar-H), 7.91 (d, ^3J = 7 Hz; 2 H, ar-H). – ^{13}C-NMR (CDCl$_3$): δ = 44.9 (NMe$_2$), 64.1 (CH$_2$N), 88.7 (C-5), 95.6 (C-4), 126.3 (ar-CH), 128.1 (ar-CH), 129.3 (ar-CH), 133.4 (ar-C$_q$), 134.7 (C-1), 135.9 (C-2), 136.7 (ar-CH), 145.4 (ar-C$_q$). – ^{29}Si-NMR (CDCl$_3$) δ = –36.0. – MS (EI, 70 eV), m/z (%): 348 (1) [M$^+$], 333 (12) [M$^+$ – Me], 321 (17) [M$^+$ – C$_2$H$_3$], 214 (100) [M$^+$ – Ar]. – C$_{22}$H$_{28}$N$_2$Si (348.2022): korrekte HRMS.

2,5-Di-n-propyl-1,1,4,4-tetrakis[2-(dimethylaminomethyl)phenyl]-1,4-disilacyclohexa-2,5-dien (**25a**): Eine Lösung von 197 mg (0.54 mmol) **22a** und 25 mg (0.04 mmol) Pd(PPh$_3$)$_2$Cl$_2$ in 10 mL Toluol wurde für 2 h bei 60 °C gerührt. Nach Abdestillieren des Toluols i. Vak. wurde in Diethylether aufgenommen und vom ungelösten Rückstand abfiltriert. Aus dem Filtrat kristallisierten bei 0 °C 68 mg **25a**. Aus der Mutterlauge wurden weitere 10 mg (41%) **25a** in Form weißer Nadeln isoliert (Schmp. 114 °C). – ^{1}H-NMR (CDCl$_3$): δ = 0.76 (t, ^3J = 7 Hz; 6 H, CH$_3$), 1.35 (sext, ^3J = 8 Hz; 4 H, CH$_2$), 1.88 (s; 12 H, NMe$_2$), 1.98 (s; 12 H, NMe$_2$), 2.17 (t, ^3J = 6 Hz; 4 H, CH$_2$), 3.15 (s; 4 H, CH$_2$N), 3.44 (s; 4 H, CH$_2$N), 7.11–7.28 (m; 10 H, ar-H, 3-H, 6-H), 7.36 (dd, ^3J = 7 Hz, ^4J = 1 Hz; 2 H, ar-H), 7.53–7.62 (m; 6 H, ar-H). – ^{13}C-NMR (C$_6$D$_6$): δ = 14.3 (CH$_3$), 21.5 (CH$_2$), 41.4 (CH$_2$), 45.1 (NMe$_2$), 45.3 (NMe$_2$), 63.8 (CH$_2$N), 65.1 (CH$_2$N), 126.0 (ar-CH), 126.7 (ar-CH), 128.9 (ar-CH), 129.2 (ar-CH), 129.5 (ar-CH), 129.8 (ar-CH), 134.2 (ar-C$_q$), 136.9 (ar-C$_q$), 137.7 (ar-CH), 138.6 (ar-CH), 142.0 (C-3, C-6), 146.0 (ar-C$_q$), 147.3 (ar-C$_q$), 162.0 (C-2, C-5). – ^{29}Si-NMR (C$_6$D$_6$): δ = –33.0. – MS (EI, 70 eV), m/z (%): 728 (34) [M$^+$], 713 (9) [M$^+$ – Me], 594 (35) [M$^+$ – Ar], 365 (6) [M$^+$/2 + H], 134 (26) [Ar$^+$], 58 (100) [CH$_2$NMe$_2$$^+$]. – C$_{46}H_{64}N_4Si_2$ (728.4670): korrekte HRMS. – C$_{46}$H$_{64}$N$_4$Si$_2$ (729.21): ber. C 75.77, H 8.85, N 7.68; gef. C 75.90, H 8.91, N 7.68.

1,1-Bis[2-(dimethylaminomethyl)phenyl]-5-phenyl-2-n-propyl-1-silacyclopenta-2,4-dien (**26a**): Eine Lösung von 479 mg (0.54 mmol) **17a** und 0.2 mL 1-Pentin **21a** in 20 mL Toluol wurde 4 h bei 70 °C gerührt. Toluol und überschüssiges 1-Pentin wurden i. Vak. abdestilliert, und das verbliebene Öl wurde in 10 mL Toluol aufgenommen und nach Zugabe von 0.2 mL Phenylacetylen und 20 mg (0.03 mmol) Pd(PPh$_3$)$_2$Cl$_2$ 3 d bei Raumtemp. gerührt. Toluol wurde i. Vak. entfernt, und das verbliebene Öl wurde in Diethylether aufgenommen. Der unlösliche Rückstand wurde abgetrennt, und nach einem Lösungsmittelwechsel zu Petrolether (40/60) wurde über neutrales Aluminiumoxid filtriert. Anschließendes Abkondensieren des

Lösungsmittels i. Vak. ergab 219 mg (29%) **26a** als gelbes Öl. – ^{1}H-NMR (CDCl$_3$): δ = 0.84 (t, ^3J = 7 Hz; 3 H, γ-CH$_3$), 1.40 (sext, ^3J = 7 Hz; 2 H, β-CH$_2$), 1.96 (s; 12 H, NMe$_2$), 2.36 (dt, ^3J = 7 Hz, ^4J = 1 Hz; 2 H, α-CH$_2$), 3.25, 3.43 (AB-System, ^2J = 13 Hz; 4 H, CH$_2$N), 6.36 (d, ^4J = 2 Hz; 1 H, 5-H), 7.06 (dt, ^4J = 2 Hz, ^4J = 1 Hz; 1 H, 3-H), 7.14–7.40 (m, 9 H, ar-H), 7.54–7.63 (m; 4 H, ar-H). – ^{13}C-NMR (CDCl$_3$): δ = 14.2 (γ-CH$_3$), 22.0 (β-CH$_2$), 35.2 (α-CH$_2$), 45.38 (NMe$_2$), 64.6 (NCH$_2$), 123.8 (CH), 126.0 (CH), 126.4 (CH), 127.7 (CH),128.3 (CH), 128.4 (CH), 129.1 (CH), 134.0 (C$_q$), 135.8 (CH), 139.3 (CH), 140.1 (C$_q$), 145.7 (C$_q$), 152.0 (C$_q$), 156.9 (C$_q$). – ^{29}Si-NMR (CDCl$_3$): δ = –10.7. – MS (EI, 70 eV), m/z (%): 466 (10) [M$^+$], 451 (10) [M$^+$ – Me], 423 (15) [M$^+$ – Pr], 421 (80) [M$^+$ – HNMe$_2$], 408 (38) [M$^+$ – CH$_2$NMe$_2$], 392 (100) [M$^+$ – CH$_2$NMe$_2$ – Me – H], 383 (18) [M$^+$ – Ar]. – C$_{31}$H$_{31}$N$_2$Si (466.2804): korrekte HRMS.

1,1-Bis[2-(dimethylaminomethyl)phenyl]-4-phenyl-2-trimethylsilyl-1-silacyclopenta-2,4-dien (**26b**). Eine Lösung von 0.349 mg (0.88 mmol) **22b** mit einem Überschuß Phenylacetylen in 5 mL Toluol wurde nach Zugabe von 20 mg (0.03 mmol) Pd(PPh$_3$)$_2$Cl$_2$ 12 h bei 40 °C gerührt. Nach Abkondensieren aller flüchtigen Komponenten i. Vak. verblieb ein gelbes Öl, das in *n*-Hexan aufgenommen wurde. Die Hexanlösung wurde vom ungelösten Rückstand abgetrennt. Nach einem Lösungsmittelwechsel zu Essigsäureethylester wurde über neutrales Aluminiumoxid filtriert. Es verblieben 167 mg (44%) **26b** als hellgelbes Öl. – ^{1}H-NMR (CDCl$_3$): δ = –0.08 (s; 9 H, SiMe$_3$), 1.99 (s; 12 H, NMe$_2$), 3.23, 3.52 (AB-System, ^2J = 13 Hz; 4 H, CH$_2$N), 6.65 (d, ^4J = 2 Hz; 1 H, 5-H), 7.16–7.40 (m; 9 H, ar-H), 7.70 (d, ^4J = 2 Hz; 1 H, 3-H). – ^{13}C-NMR (CDCl$_3$): δ = 0.0 (SiMe$_3$), 45.5 (NMe$_2$), 64.6 (CH$_2$N), 126.1 (2 x CH), 127.8 (CH), 128.4 (CH), 128.4 (CH), 129.2 (CH), 131.1 (CH), 132.7 (C$_q$), 136.3 (CH), 139.8 (C$_q$), 145.8 (C$_q$), 150.0 (C$_q$), 155.1 (CH), 156.4 (C$_q$). – MS (EI, 70 eV), m/z (%): 496 (17) [M$^+$], 481 (8) [M$^+$ – Me], 451 (95) [M$^+$ – HNMe$_2$], 378 (100) [M$^+$ – SiMe$_3$ – HNMe$_2$]. – C$_{31}$H$_{40}$N$_2$Si$_2$ (496.2730): korrekte HRMS.

1,1,2,2-Tetrakis[2-(dimethylaminomethyl)phenyl]-3-n-propyl-1,2-disilacyclobut-3-en (**30a**): Eine Lösung von 107 mg (0.12 mmol) **17a** in 0.4 mL C$_6$D$_6$ wurde mit 0.02 mL (0.18 mmol) 1-Pentin versetzt und 16 h auf 50 °C erwärmt. Alle leicht flüchtigen Komponenten wurden i. Vak. abkondensiert, und es verblieb **30a** als ^{1}H-NMR-spektroskopisch sauberes, farbloses Öl. – ^{1}H-NMR (C$_6$D$_6$): δ = 0.98 (t, ^3J = 7 Hz; 3 H, γ-CH$_3$), 1.70 (dt, ^3J = 7 Hz, ^3J = 8 Hz; 2 H, β-CH$_2$), 1.93 (s; 12 H, NMe$_2$), 1.96 (s; 12 H, NMe$_2$), 2.71 (t, ^3J = 8 Hz; 2 H, α-CH$_2$), 3.33 (breites s; 8 H, CH$_2$N), 6.92–7.01 (m; 4 H, ar-H), 7.13–7.21 (m; 4 H, ar-H), 7.54 (d, ^3J = 8 Hz; 2 H, ar-H), 7.38 (d, ^3J = 8 Hz; 2 H, ar-H), 7.64 (d, ^3J = 7 Hz; 2 H, ar-H), 7.72–7.74 (m; 3 H, ar-H, 4-H). – ^{13}C-NMR (C$_6$D$_6$): δ = 14.4 (γ-CH$_3$), 21.6 (β-CH$_2$), 40.29 (α-CH$_2$), 45.4 (NMe$_2$), 45.5 (NMe$_2$), 65.0 (CH$_2$N), 65.0 (CH$_2$N), 126.4 (ar-CH),

126.6 (ar-CH), 128.5 (ar-CH), 128.8 (ar-CH), 129.1 (ar-CH), 129.3 (ar-CH), 137.4 (ar-CH), 137.7 (ar-C_q), 137.9 (ar-C_q), 138.0 (ar-CH), 145.8 (ar-C_q), 145.8 (ar-C_q), 155.0 (C-4), 180.3 (C-3). – ^{29}Si-NMR (C_6D_6): δ = –3.5, –10.4.

1,1,2,2-Tetrakis[2-(dimethylaminomethyl)phenyl]-3-trimethylsilyl-1,2-disilacyclobut-3-en (**30b**): Eine Lösung von 47 mg (0.12 mmol) **22b** in 0.4 mL C_6D_6 wurde mit 40 mg **17a** (0.04 mmol) versetzt und 4 h auf 60 °C erwärmt. Nach Abkondensieren aller flüchtigen Komponenten i. Vak. blieb **30b** als ^{1}H-NMR-spektroskopisch sauberes, farbloses Öl zurück. – ^{1}H-NMR (C_6D_6): δ = 0.25 (s; 9 H, SiMe$_3$), 1.94 (s; 12 H, NMe$_2$), 1.98 (s; 12 H, NMe$_2$), 3.26, 3.39 (AB-System, ^2J = 14 Hz; 4 H, CH$_2$N), 3.31, 3.56 (AB-System, ^2J = 14 Hz; 4 H, CH$_2$N), 6.91–7.24 (m; 8 H, ar-H), 7.38 (d, ^3J = 8 Hz; 2 H, ar-H), 7.62–7.68 (m; 6 H, ar-H), 8.75 (s; 1H, 4-H). – ^{13}C-NMR (C_6D_6): δ = 0.0 (SiMe$_3$), 45.5 (NMe$_2$), 45.6 (NMe$_2$), 65.0 (2 x CH$_2$N), 126.3 (ar-CH), 126.3 (ar-CH), 128.5 (ar-CH), 128.6 (ar-CH), 129.3 (ar-CH), 129.4 (ar-CH), 137.0 (ar-C_q), 137.4 (ar-CH), 137.9 (ar-CH + ar-C_q), 145.7 (ar-C_q), 145.8 (ar-C_q), 176.4 (C-4), 187.1 (C-3). – ^{29}Si-NMR (C_6D_6): δ = 1.5, –0.6, –7.8. – MS (EI, 70 eV), *m/z* (%): 691 (1) [M$^+$ + H], 297 (61) [SiAr$_2^+$ + H], 58 (100) [CH$_2$NMe$_2^+$].

9,9,10,10-Tetrakis[2-(dimethylaminomethyl)phenyl]-9,10-disilabicyclo[6.2.0]dec-1(8)-en (**30c**): Eine Lösung von 291 mg (0.72 mmol) **22c** in 10 mL Toluol wurde mit 212 mg (0.24 mmol) **17a** für 10 h bei 55 °C gerührt. Nach Abkondensieren des Lösungsmittels i. Vak. wurde aus *n*-Hexan kristallisiert, und 320 mg **30c** (0.46 mmol, 64%) wurden in Form farbloser Kristalle isoliert (Zersp. 100 °C). – ^{1}H-NMR (C_6D_6): δ = 1.60–1.77 (m; 8 H, 3-, 4-, 5-, 6-CH$_2$), 1.96 (s; 24 H, NMe$_2$), 2.89 (br. t, ^3J = 6 Hz; 4 H, 2-, 7-CH$_2$), 3.31, 3.43 (AB-System, ^2J = 14 Hz; 8 H, CH$_2$N), 7.01 (dt, ^3J = 7 Hz, ^4J = 1 Hz; 4 H, ar-H), 7.16–7.23 (m; 4 H, ar-H), 7.59 (d, ^3J = 7 Hz; 4 H, ar-H), 7.56 (dd, ^3J = 7 Hz, ^4J = 1 Hz; 4 H, ar-H). – ^{13}C-NMR (C_6D_6): δ = 26.8, 29.5 , 31.3 (C-2, -3, -4, -5, -6, -7), 45.6 (NMe$_2$), 64.9 (CH$_2$N), 128.8 (ar-CH), 129.4 (ar-CH), 126.6 (ar-CH), 137.4 (ar-CH), 145.8 (ar-C_q), 145.8 (ar-C_q), 172.3 (C-1, 8). – ^{29}Si-NMR (C_6D_6): δ = –5.3. – MS (EI, 70 eV), *m/z* (%): 700 (23) [M$^+$], 656 (34) [M$^+$ – Me], 642 (100) [M$^+$ – CH$_2$NMe$_2$], 566 (34) [M$^+$ – Ar], 296 (36) [SiAr$_2^+$], 281 (58) [SiAr$_2^+$ – Me], 58 (41) [CH$_2$NMe$_2^+$]. – $C_{44}H_{60}N_4Si_2$ (700.4357): korrekte HRMS.

1,1,2,2-Tetrakis[2-(dimethylaminomethyl)phenyl]-3-phenyl-1,2-disilacyclobut-3-en (**30d**): Eine Lösung von 114 mg (0.13 mmol) **17a** in 0.4 mL C_6D_6 wurde mit 0.02 mL (0.19 mmol) Phenylacetylen für 5 h auf 55 °C erwärmt. Nach Abkondensieren aller flüchtigen Komponenten i. Vak. verblieb **30d** als ^{1}H-NMR-spektroskopisch sauberes, gelbliches Öl. – ^{1}H-NMR (C_6D_6): δ = 1.90 (s; 12 H, NMe$_2$), 1.92 (s; 12 H, NMe$_2$), 3.14, 3.55 (AB-System, ^2J =

13 Hz; 4 H, CH$_2$N), 3.28, 3.45 (AB-System, ^2J = 14 Hz; 4 H, CH$_2$N), 6.91–7.35 (m; 15 H, ar-H), 7.67–7.78 (m; 6 H, ar-H), 8.17 (s; 1 H, 4-H). – ^{13}C-NMR (C$_6$D$_6$): δ = 45.4 (NMe$_2$), 45.5 (NMe$_2$), 64.6 (CH$_2$N), 64.9 (CH$_2$N), 126.4 (ar-CH), 126.5 (ar-CH), 127.4 (ar-CH), 127.8 (ar-CH), 128.3 (ar-CH), 128.6 (ar-CH), 128.9 (ar-CH), 129.3 (ar-CH), 129.7 (ar-CH), 136.4 (ar-C$_q$), 136.6 (ar-C$_q$), 137.4 (ar-CH), 138.0 (ar-CH), 143.5 (ar-C$_q$), 146.0 (ar-C$_q$), 146.5 (ar-C$_q$), 155.5 (C-4), 175.2 (C-3). – ^{29}Si-NMR (C$_6$D$_6$): δ = –1.8, –11.6.

1,1,3,3-Tetrakis[2-(dimethylaminomethyl)phenyl]-4-n-propyl-2-oxa-1,3-disilacyclopent-4-en (31a): Zu einer Lösung von 119 mg (0.18 mmol) **30a** in 4 mL C$_6$C$_6$ wurden unter schwacher Wärmeentwicklung 0.2 mL Wasser gegeben. Nach Trocknung mit CaCl$_2$ wurden leicht flüchtige Komponenten i. Vak. abkondensiert, und durch Kugelrohrdestillation (250 °C/10^{-3} Torr) wurden 72 mg (61%) **31a** erhalten (Schmp. 87 °C). – ^{1}H-NMR (CDCl$_3$): δ = 0.87 (t, ^3J = 7 Hz; 3 H, γ-CH$_3$), 1.47 (dt, ^3J = 7 Hz, ^3J = 7 Hz; 2 H, β-CH$_2$), 1.87 (s; 12 H, NMe$_2$), 1.88 (s; 12 H, NMe$_2$), 2.41 (t, ^3J = 7 Hz; 2 H, α-CH$_2$), 3.15, 3.25 (AB-System, ^2J = 13 Hz; 4 H, CH$_2$N), 3.25, 3.32 (AB-System, ^2J = 14 Hz; 4 H, CH$_2$N), 7.00–7.11 (m; 5 H, ar-H, 5-H), 7.22–7.42 (m; 10 H, ar-H), 7.55 (d, ^3J = 7 Hz; 2 H, ar-H). – ^{13}C-NMR (CDCl$_3$): δ = 14.1 (γ-CH$_3$), 21.6 (β-CH$_2$), 38.4 (α-CH$_2$), 45.2 (NMe$_2$), 45.3 (NMe$_2$), 64.7 (CH$_2$N), 64.7 (CH$_2$N), 125.9 (2 x ar-CH), 127.4 (ar-CH), 127.7 (ar-CH), 128.9 (ar-CH), 129.2 (ar-CH), 135.4 (ar-CH), 136.1 (ar-C$_q$), 136.5 (ar-CH), 137.1 (ar-C$_q$), 143.9 (ar-C$_q$), 144.9 (C-5), 145.3 (ar-C$_q$), 170.0 (C-4). – ^{29}Si-NMR (CDCl$_3$): δ = –10.8, –15.2. – MS (EI, 70 eV), *m/z* (%): 676 (40) [M$^+$], 542 (100) [M$^+$ – Ar]. – C$_{41}$H$_{56}$ON$_4$Si$_2$ (676.3993): korrekte HRMS.

1,1,3,3-Tetrakis[2-(dimethylaminomethyl)phenyl]-4-trimethylsilyl-2-oxa-1,3-disilacyclopent-4-en (31b): 87 mg (0.13 mmol) **30b** wurden in mit Wasser gesättigtem Diethylether aufgenommen. Alle flüchtigen Komponenten wurden i. Vak. abkondensiert und das verbleibende Öl in *n*-Hexan aufgenommen. Nach dem Trocknen über CaCl$_2$ wurde filtriert, und Kristallisation bei 0 °C ergab 45 mg (50%) **31b** als weißen Feststoff (Schmp. 198 °C). – ^{1}H-NMR (CDCl$_3$): δ = –0.06 (s; 9 H, SiMe$_3$), 1.83 (s; 24 H, NMe$_2$), 3.07, 3.14 (AB-System, ^2J = 13 Hz; 4 H, CH$_2$N), 3.32, 3.42 (AB-System, ^2J = 14 Hz; 4 H, CH$_2$N), 6.92–7.33 (m; 12 H, ar-H), 7.43 (d, ^3J = 7 Hz; 2 H, ar-H), 7.49 (d, ^3J = 8 Hz; 2 H, ar-H), 8.18 (s; 1 H, 5-H). – ^{13}C-NMR (C$_6$D$_6$): δ = 0.0 (SiMe$_3$), 45.3 (NMe$_2$), 45.4 (NMe$_2$), 63.8 (CH$_2$N), 64.7 (CH$_2$N), 126.1 (ar-CH), 126.4 (ar-CH), 128.1 (2 x ar-CH), 129.4 (ar-CH), 129.9 (ar-CH), 136.2 (ar-CH), 136.4 (ar-C$_q$), 136.6 (ar-C$_q$), 137.2 (ar-CH), 145.7 (ar-C$_q$), 146.6 (ar-C$_q$), 167.3 (C-5), 175.9 (C-4). – ^{29}Si-NMR (C$_6$D$_6$): δ = –3.8, –6.1, –16.1. – MS (EI, 70 eV),

m/z (%): 706 (30) [M⁺], 648 (13) [M⁺ – CH₂NMe₂], 572 (100) [M⁺ – Ar]. – $C_{41}H_{58}ON_4Si_3$ (707.2): ber. C 69.63, H 8.27; gef. C 69.53, H 8.04.

9,9,11,11-Tetrakis[2-(dimethylaminomethyl)phenyl]-10-oxa-9,11-disilabicyclo[6.3.0]undec-1(8)-en (**31c**): 50 mg (0.07 mmol) **30c** wurden in einem offenen Gefäß für 10 h bei Raumtemp. stehen gelassen, und **31c** wurde quantitativ gebildet. Das gleiche Resultat ergab sich auch beim Stehenlassen einer Lösung **30c** in C_6D_6 in einem offenen Gefäß (Schmp. 100 °C). – ¹H-NMR (CDCl₃): δ = 1.25–1.45 (m; 8 H, 3-H, 4-H, 5-H, 6-H), 1.88 (s; 24 H, NMe₂), 2.69 (br. s; 4 H, 2-, 7-CH₂), 3.24, 3.33 (AB-System, ^2J = 14 Hz; 8 H, CH₂N), 7.10 (dd, ^3J = 7 Hz, ^3J = 7 Hz; 4 H, ar-H), 7.26–7.42 (m; 8 H, ar-H), 7.53 (d, ^3J = 7 Hz; 4 H, ar-H). – ¹³C-NMR (CDCl₃): δ = 26.4, 29.0, 29.2 (C-2, C-3, C-4, C-5, C-6, C-7), 45.2 (NMe₂), 63.7 (CH₂N), 126.0 (ar-CH), 128.0 (ar-CH), 129.4 (ar-CH), 135.5 (ar-CH), 136.2 (ar-C$_q$), 145.1 (ar-C$_q$), 160.1 (C-1, -8). – ²⁹Si-NMR (CDCl₃): δ = –8.9. – MS (EI, 70 eV), m/z (%): 716 (28) [M⁺], 582 (41) [M⁺ – Ar], 288 (100). – $C_{44}H_{60}ON_4Si_2$ (717.16): ber. C 73.69, H 8.43; gef. C 73.23, H 8.29.

1,1,3,3-Tetrakis[2-(dimethylaminomethyl)phenyl]-4-phenyl-2-oxa-1,3-disilacyclopent-4-en (**31d**): Eine Lösung von 134 mg (0.19 mmol) **30d** in 0.4 mL C_6D_6 wurde mit 0.2 mL Wasser versetzt, wobei sich die Reaktionslösung leicht erwärmte. Nach Abkondensieren aller bei Raumtemp. flüchtigen Komponenten i. Vak. wurden durch Kugelrohrdestillation (250 °C/10⁻³ Torr) 97 mg (74%) **31d** als weißer Feststoff erhalten (Schmp. 108 °C). – ¹H-NMR (CDCl₃): δ = 1.85 (s; 12 H, NMe₂), 1.87 (s; 12 H, NMe₂), 3.21 (s; 4 H, CH₂N), 3.42 (s; 4 H, CH₂N), 6.97–7.33 (m; 17 H, ar-H), 7.49 (d, ^3J = 8 Hz; 2 H, ar-H), 7.59 (s; 1 H, 5-H), 7.65 (d, ^3J = 8 Hz; 2 H, ar-H). – ¹³C-NMR (CDCl₃): δ = 45.2 (NMe₂), 45.3 (NMe₂), 63.4 (CH₂N), 64.4 (CH₂N), 125.8 (ar-CH), 126.0 (ar-CH), 126.8 (ar-CH), 127.0 (2 x ar-CH), 127.5 (ar-CH), 128.2 (ar-CH), 129.1 (ar-CH), 129.6 (ar-CH), 135.3 (ar-C$_q$), 136.0 (ar-CH), 136.2 (C$_q$), 136.7 (ar-CH), 144.0 (ar-C$_q$), 144.9 (ar-C$_q$), 145.9 (ar-C$_q$), 149.0 (C-5), 167.0 (C-4). – ²⁹Si-NMR (CDCl₃): δ = –10.4, –16.0. – MS (EI, 70 eV), m/z (%): 710 (99) [M⁺], 666 (28) [M⁺ – NMe₂], 576 (100) [M⁺ – Ar], 58 (76) [CH₂NMe₂⁺]. – $C_{44}H_{54}ON_4Si_2$ (710.3836): korrekte HRMS.

2.2. Reaktionen von 17a mit Olefinen und Dienen

1,1-Bis[2-(dimethylaminomethyl)phenyl]-2-n-propyl-1-silacyclopropan (**32a**): Eine Lösung von 45 mg (0.06 mmol) **17a** in 0.4 mL C_6D_6 wurde mit einem etwa 10-fachen Überschuß (ca. 0.07 mL) 1-Penten für 12 h auf 40 °C erwärmt. Das Lösungsmittel und der Überschuß Alken

71

wurden bei Raumtemp. i. Vak. entfernt. Das verbliebene hellgrüne Öl wurde in C_6D_6 gelöst und ergab eine ^1H-NMR-spekroskopisch saubere Lösung von **32a**. Das NMR-Spektrum wurde innerhalb der nächsten 30 min aufgenommen. – ^1H-NMR (C_6D_6): δ = 0.60 (dd, $^3J_{trans}$ = 7 Hz, ^2J = 11 Hz; 1 H, 3-H$_{cis}$), 1.01 (t; ^3J = 7 Hz; 3 H, CH$_3$), 1.18 (dd, $^3J_{cis}$ = 11 Hz, ^2J = 11 Hz; 1 H, 3-H$_{trans}$), 1.31–2.02 (m; 5 H, 2-H, propyl-CH$_2$), 1.80 (s; 6 H, NMe$_2$), 1.83 (s; 6 H, NMe$_2$), 3.18, 3.40 (AB-System, ^2J = 13 Hz; 2 H, CH$_2$N), 3.27 (s; 2 H, CH$_2$N), 7.10–7.19 (m; 6 H, ar-H), 7.92–7.98 (m; 2 H, ar-H). – ^{13}C-NMR (C_6D_6): δ = 5.3 (C-3), 14.4, 14.6 (CH$_3$, C-2), 24.6, 35.7 (propyl-CH$_2$), 45.0 (NMe$_2$), 45.1 (NMe$_2$), 64.6 (CH$_2$N), 64.8 (CH$_2$N), 126.3 (ar-CH), 126.6 (ar-CH), 127.8 (ar-CH), 128.0 (ar-CH), 129.1 (ar-CH), 129.2 (ar-CH), 133.6 (ar-C$_q$), 135.7 (ar-C$_q$), 136.6 (ar-CH), 137.4 (ar-CH), 145.9 (ar-C$_q$), 146.7 (ar-C$_q$). – ^{29}Si-NMR (C_6D_6): δ = –76.8.

trans-1,1-Bis[2-(dimethylaminomethyl)phenyl]-3-deuterio-2-n-propyl-1-silacyclopropan (*trans*-**32a-D**): Eine Lösung von *trans*-Deuterio-1-propen (verunreinigt mit *n*-Hexan und 1-Deuterio-1-propin) in 0.4 mL C_6D_6 wurde mit einem etwa 5-fachen Überschuß **17a** für 12 h auf 40 °C erwärmt. Alle leicht flüchtigen Bestandteile wurden bei Raumtemp. i. Vak. entfernt. Das verbliebene grüne Öl wurde in C_6D_6 gelöst, und das Gemisch aus **17a**, 1,1-Bis-[2-(dimethyl-aminomethyl)phenyl]-3-deuterio-2-*n*-propyl-1-silacyclopropen und *trans*-**32a-D** wurde ^1H-NMR-spektroskopisch untersucht. Wegen Signalüberschneidungen konnten nicht alle Signale zugeordnet werden, und der Datensatz ist unvollständig. – *trans*-**32a-D** : ^1H-NMR (C_6D_6): δ = 0.59 (d, $^3J_{trans}$ = 7 Hz; 1 H, 3-H$_{cis}$), 1.01 (t; ^3J = 7 Hz; 3 H, CH$_3$), 1.31–2.02 (m; 5 H, 2-H, propyl-CH$_2$), 1.81 (s; 6 H, NMe$_2$), 1.84 (s; 6 H, NMe$_2$), 3.19, 3.40 (AB-System, ^2J = 13 Hz; 2 H, CH$_2$N), 3.27 (s; 2 H, CH$_2$N), 7.92–7.97 (m; 2 H, ar-H).

cis-1,1-Bis[2-(dimethylaminomethyl)phenyl]-3-deuterio-2-n-propyl-1-silacyclopropan (*cis*-**32a-D**): Eine Lösung von *cis*-Deuterio-1-propen (verunreinigt mit *n*-Hexan und 1-Deuterio-1-propin) in 0.4 mL C_6D_6 wurde mit einem etwa 5-fachen Überschuß **17a** für 12 h auf 40 °C erwärmt. Alle leicht flüchtigen Bestandteile wurden bei Raumtemp. i. Vak. entfernt. Das verbliebene grüne Öl wurde in C_6D_6 gelöst, und das Gemisch aus **17a**, 1,1-Bis-[2-(dimethyl-aminomethyl)phenyl]-3-deuterio-2-*n*-propyl-1-silacyclopropen und *cis*-**32a-D** wurde ^1H-NMR-spektroskopisch untersucht. Wegen Signalüberschneidungen konnten nicht alle Signale zugeordnet werden, und der Datensatz ist unvollständig. – *cis*-**32a-D**: ^1H-NMR (C_6D_6): δ = 1.01 (t; ^3J = 7 Hz; 3 H, CH$_3$), 1.17 (d, $^3J_{cis}$ = 11 Hz; 1 H, 3-H$_{trans}$), 1.31–2.02 (m; 5 H, 2-H, propyl-CH$_2$), 1.80 (s; 6 H, NMe$_2$), 1.84 (s; 6 H, NMe$_2$), 3.19, 3.40 (AB-System, ^2J = 13 Hz; 2 H, CH$_2$N), 3.27 (s; 2 H, CH$_2$N), 7.92–7.97 (m; 2 H, ar-H).

Thermolyse von **32a**. Ausgehend von einer Lösung von 45 mg (0.05 mmol) **17a** und 0.07 mL 1-Penten in 0.4 mL C_6D_6 wurde **32a** wie oben beschrieben dargestellt. Nach zügigem Abkondensieren des Lösungsmittels und des überschüssigen Alkens wurde das verbliebene Öl in 0.4 mL C_6D_6 gelöst. Die Verunreinigungen dieser Lösung betrugen weniger als 1% (^{1}H- NMR-spektroskopisch ermittelt). Nach dem Zusatz von Poly(dimethylsiloxan) als internen Integrationsstandard wurde die Lösung für 1 h auf 40 °C erwärmt, und sowohl **17a** als auch 1-Penten wurden gebildet. Das Verhältnis von **32a** : **17a** : 1-Penten = 5 : 1 : 3 wurde ^{1}H-NMR-spektroskopisch bestimmt. Erwärmen der Lösung auf 40 °C für weitere 4.5 h führte zu einem Verhältnis der Komponenten von 1 : 1 : 3.

Thermolyse von **32a** *in Gegenwart von 1-Pentin*: Eine Lösung von 56 mg (0.15 mmol) **32a** und 0.2 mL 1-Penten (um die Retroreaktion zu **17a** zu verhindern) in 0.5 mL C_6D_6 wurde mit 0.2 mL 1-Pentin versetzt und 8 h auf 40 °C erwärmt. Nach Entfernen aller leicht flüchtigen Komponenten i. Vak. verblieb **22a** quantitativ.

1,1-Bis[2-(dimethylaminomethyl)phenyl]-2-n-butyl-1-silacyclopropan (**32b**): Eine Lösung von 60 mg (0.07 mmol) **17a** in 0.4 mL C_6D_6 wurde mit 0.1 mL 1-Hexen für 3 h auf 40 °C erwärmt. Das Lösungsmittel sowie Überschuß Alken wurden i. Vak. bei Raumtemp. entfernt, und **32b** verblieb als blaß-gelbes Öl (97% spektroskopisch sauber, verunreinigt mit 3% **17a**). – ^{1}H-NMR: (C_6D_6): δ = 0.62 (dd, $^3J_{trans}$ = 7 Hz, ^2J = 10 Hz; 1 H, 3-H$_{cis}$), 0.95 (t, ^3J = 7 Hz; 3 H, CH$_3$), 1.12 (dd, $^3J_{cis}$ = 12 Hz, ^2J = 10 Hz; 1 H, 3-H$_{trans}$), 1.22–2.03 (m; 7 H, 2-H, butyl-CH$_2$), 1.81 (s; 6 H, NMe$_2$), 1.83 (s; 6 H, NMe$_2$), 3.20, 3.41 (AB-System, ^2J = 13 Hz; 2 H, CH$_2$N), 3.27 (s; 2 H, CH$_2$N), 7.09–7.25 (m; 6 H, ar-H), 7.94–7.98 (m; 2 H, ar-H). – ^{13}C-NMR (C_6D_6): δ = 5.4 (C-3), 14.5, 15.0 (CH$_3$, C-2), 23.1, 33.2, 33.8 (butyl-CH$_2$), 45.0 (NMe$_2$), 45.1 (NMe$_2$), 64.7 (CH$_2$N), 64.9 (CH$_2$N), 126.2 (ar-CH), 126.6 (ar-CH), 127.8 (ar-CH), 129.1 (ar-CH), 129.2 (ar-CH), 129.9 (ar-CH), 133.6 (ar-C$_q$), 135.8 (ar-C$_q$), 136.6 (ar-CH), 137.4 (ar-CH), 145.9 (ar-C$_q$), 146.7 (ar-C$_q$). – ^{29}Si-NMR (C_6D_6): δ = –76.6.

Thermolyse von **32b**: Ausgehend von 60 mg (0.07 mmol) **17a** und 0.1 mL 1-Hexen in 0.4 mL C_6D_6 wurde eine Lösung von **32b** wie oben beschrieben dargestellt. Nach zügigem Entfernen des Lösungsmittels und des überschüssigen Alkens i. Vak. bei Raumtemp. wurde in 0.4 mL C_6D_6 aufgenommen; und die Verunreinigung des gebildeten **32b** mit **17a** betrug laut ^{1}H-NMR-Spektrum weniger als 3%. Nach 2 h Erwärmen auf 40 °C betrug der ^{1}H-NMR-spektroskopisch bestimmte Anteil von **17a** 15%. Die Lösung wurde weitere 12 h bei Raumtemp. stehengelassen, und der Anteil von **17a** stieg auf 21%.

73

1,1-Bis[2-(dimethylaminomethyl)phenyl]-2-trimethylsilylsilacyclopropan (**32c**): Eine Lösung von 72 mg (0.08 mmol) **17a** und 0.08 mL (0.50 mmol) Trimethylvinylsilan in C_6D_6 wurde 12 h auf 50 °C erwärmt. Nach dem Abdestillieren des Lösungsmittels und des restlichen Vinylsilans verblieb **32c** quantitativ als farbloses Öl. – ^{1}H-NMR (C_6D_6): $\delta = 0.04$ (s; 9 H, SiMe$_3$), 0.22 (dd, $^3J_{trans} = 10$ Hz, $^3J_{cis} = 13$ Hz; 1 H, 2-H), 0.75 (dd, $^3J_{trans} = 10$ Hz, $^2J = 10$ Hz; 1H, 3-H$_{cis}$), 0.97 (dd, $^3J_{cis} = 13$ Hz, $^2J = 10$ Hz; 1 H, 3-H$_{trans}$), 1.79 (s; 6 H, NMe$_2$), 1.86 (s; 6 H, NMe$_2$), 3.24, 3.31 (AB-System, $^2J = 13$ Hz; 2 H, CH$_2$N), 3.33, 3.35 (AB-System, $^2J = 13$ Hz; 2 H, CH$_2$N), 7.10–7.21 (m; 6 H, ar-H), 7.91–7.96 (m; 2 H, ar-H). – ^{13}C-NMR (C_6D_6): $\delta = -0.6$ (C-3), 0.0 (SiMe$_3$), 0.2 (C-2), 45.0 (NMe$_2$), 45.2 (NMe$_2$), 64.7 (CH$_2$N), 64.8 (CH$_2$N), 126.3 (ar-CH), 126.6 (ar-CH), 127.6 (ar-CH), 127.8 (ar-CH), 129.2 (ar-CH), 129.6 (ar-CH), 134.1 (ar-C$_q$), 136.2 (ar-C$_q$), 136.4 (ar-CH), 137.9 (ar-CH), 145.8 (ar-C$_q$), 146.6 (ar-C$_q$). – ^{29}Si-NMR (C_6D_6): $\delta = -0.4$ (SiMe$_3$), -79.8 (Si-1). – MS (EI, 70 eV), m/z (%): 396 (17) [M$^+$], 381 (43) [M$^+$ – Me], 328 (12) [M$^+$ – CH$_2$NMe$_2$], 323 (10) [M$^+$ – SiMe$_3$], 280 (100) [M$^+$ – SiMe$_3$ – NMe$_2$ + H]. – $C_{23}H_{36}N_2Si_2$ (396.2417): korrekte HRMS.

1,1-Bis[2-(dimethylaminomethyl)phenyl]-2-phenyl-1-silacyclopropan (**32d**) *und 2,3-Benzo-1,1-bis[2-(dimethylaminomethyl)phenyl]-1-silacyclopent-2-en* (**41**): Eine Lösung von 63 mg (0.07 mmol) **17a** in 4 mL Toluol wurde mit 0.2 mL Styrol 1 h bei 40 °C gerührt; **32d** konnte ^{1}H- und ^{29}Si-NMR-spektroskopisch im Reaktionsgemisch mit **17a** und **41** identifiziert werden. Die Lösung wurde für weitere 11 h bei 40 °C gerührt. Nachdem Toluol und verbliebenes Styrol i. Vak. abkondensiert wurden, blieben 85 mg **41** als spektroskopisch sauberes, weißes Pulver zurück. Kristallisation aus Diethylether/Pentan (2:1) ergab 44 mg (52%) analytisch sauberes **41** (Schmp. 114–115 °C). – **32d** (Die Daten sind unvollständig wegen Signalüberschneidungen mit Edukten und **41**): ^{1}H-NMR (C_6D_6): $\delta = 1.39$ (dd, $^3J_{trans} = 9$ Hz, $^2J = 12$ Hz; 1 H, 3-H$_{cis}$), 2.63 (dd, $^3J_{trans} = 9$ Hz, $^3J_{cis} = 11$ Hz; 2 H, 2-H), 1.66 (s; 6 H, NMe$_2$), 1.90 (s; 6 H, NMe$_2$), 2.94 (B-Teil eines AB-Systems, $^2J = 14$ Hz). – ^{29}Si-NMR (C_6D_6): $\delta = -82.5$. – **41**: ^{1}H-NMR (CDCl$_3$): $\delta = 1.54$ (dd, $^3J = 7$ and 8 Hz; 2 H, 5-H), 1.83 (s; 12 H, NMe$_2$), 3.20 (m; 6 H, CH$_2$N, 4-H), 7.16-7.31 (m; 9 H, ar-H), 7.69 (d, $^3J = 7$ Hz; 2 H, ar-H), 7.77 (d, $^3J = 7$ Hz; 1 H, ar-H). – ^{13}C-NMR (CDCl$_3$): $\delta = 12.9$ (C-5), 31.7 (C-4), 45.1 (NMe$_2$), 64.7 (CH$_2$N), 125.2 (ar-CH), 125.9 (ar-CH), 126.4 (ar-CH), 128.5 (ar-CH), 128.8 (ar-CH), 128.9 (ar-CH), 134.6 (ar-CH), 135.9 (ar-C$_q$), 136.0 (ar-CH), 139.3 (ar-C$_q$), 145.2 (ar-C$_q$), 154.0 (ar-C$_q$). – ^{29}Si-NMR (C_6D_6): $\delta = 2.5$. – MS (EI, 70 eV) m/z (%): 400 (1) [M$^+$], 385 (1) [M$^+$ – Me], 297 (2) [Ar$_2$Si$^+$ + H], 266 (34) [M$^+$ – Ar], 57 (100) [CHNMe$_2^+$]. – $C_{26}H_{32}N_2Si$ (400.64): ber. C 77.95, H 8.05, N 6.99; gef. C 78.03, H 8.03, N 6.94.

Bis[2-(dimethylaminomethyl)phenyl]benzyloxyvinylsilan (**34**): Eine Lösung von 262 mg (0.30 mmol) **17a** in 20 mL Toluol wurde mit 0.3 mL Benzylvinylether für 16 h bei 45 °C gerührt. Nach Entfernen des Lösungsmittels und des Vinylethers i. Vak. wurden 45 mg (11%) **34** durch Destillation (120 °C/10^{-3} Torr) erhalten. – ^{1}H-NMR (C$_6$D$_6$): δ = 1.80 (s; 12 H, NMe$_2$), 3.25, 3.40 (AB-System, ^2J = 13 Hz; 4 H, CH$_2$N), 4.75 (s; 2 H, CH$_2$O), 6.04 (dd, ^3J $_{trans}$ = 20 Hz, ^2J = 4 Hz; 1 H, vinyl-H$_{cis}$), 6.09 (dd, ^3J $_{cis}$ = 15 Hz, ^2J = 4 Hz; 1 H, vinyl-H$_{trans}$), 6.67 (dd, $^3J_{trans}$ = 20 Hz, $^3J_{cis}$ = 15 Hz; 1 H, vinyl-H$_{gem}$), 7.08–7.41 (m; 11 H, ar-H), 8.18–8.21 (m; 2 H, ar-H).– ^{13}C-NMR (C$_6$D$_6$): δ = 45.1 (NMe$_2$), 64.4 (CH$_2$N), 65.4 (CH$_2$O), 126.5 (CH), 126.7 (CH), 127.0 (CH), 128.4 (CH), 128.5 (CH), 129.6 (CH), 133.7 (=CH$_2$), 135.6 (C$_q$), 136.3 (CH), 136.9 (CH), 142.1 (C$_q$), 146.1 (C$_q$). – MS (EI, 70 eV), *m/z* (%): 431 (1) [M$^+$ + 1], 385 (11) [M$^+$ – NMe$_2$ + 1], 296 (41) [M$^+$ – Ar; oder Ar$_2$Si], 206 (100) [M$^+$ – PhCH$_2$ – Ar + 1].

exo-3,3-Bis[2-(dimethylaminomethyl)phenyl)]-3-silatricyclo[3.2.1.0^{2,4}]octan (**35**): Eine Lösung von 80 mg (0.09 mmol) **17a** und 25 mg (0.27 mmol) Norbornen in 0.4 mL C$_6$D$_6$ wurde 4.5 h auf 50 °C erwärmt. Nach dem Abkondensieren des Lösungsmittels i. Vak. verblieb **35** als spektroskopisch sauberes, farbloses Öl. – ^{1}H-NMR (370 K, 300 MHz, CD$_3$C$_6$D$_5$; zusätzliches ^{1}H,^{1}H-COSY, 370 K): δ = 0.86–0.91 (m; 1 H, 8-H$_{anti}$), 1.18–1.22 (m; 2 H, 2-, 4-H), 1.31–1.36 (m; 1 H, 8-H$_{syn}$), 1.46–1.51 (m; 2 H, 6,7-H$_{endo}$), 1.67–1.72 (m; 2 H, 6,7-H$_{exo}$), 1.94 (s; 6 H, NMe$_2$), 1.99 (s; 6 H, NMe$_2$), 2.67–2.71 (m; 2 H, 1-,5-H), 3.30 (s; 2 H, CH$_2$N), 3.42 (s; 2 H, CH$_2$N), 6.99–7.19 (m; 5 H, ar-H), 7.34 (dd, ^3J = Hz, ^4J = 1 Hz; 1 H, ar-H), 7.81 (dd, ^3J = 7 Hz, ^4J = 2 Hz; 1 H, ar-H), 8.068.09 (m; 1 H, ar-H). – ^{13}C-NMR (125.7 MHz, C$_6$D$_6$; zusätzliches ^{1}H,^{13}C-COSY): δ = 26.3 (br.; C-2,4), 34.3 (C-6,7), 36.4 (C-8), 40.1 (br.; C-1,5), 45.1 (NMe$_2$), 45.2 (NMe$_2$), 64.3 (CH$_2$N), 64.7 (CH$_2$N), 126.0 (ar-CH), 126.9 (ar-CH), 127.1 (ar-CH), 128.6 (ar-CH), 128.9 (ar-CH), 129.8 (ar-CH), 134.7 (ar-C$_q$), 135.4 (ar-C$_q$), 136.4 (ar-CH), 139.5 (ar-CH), 146.1 (ar-C$_q$), 146.4 (ar-C$_q$). – ^{29}Si-NMR (C$_6$D$_6$): δ = –77.3. – MS (EI, 70 eV), *m/z* (%): 390 (1) [M$^+$], 375 (3) [M$^+$ – Me], 331 (3) [M$^+$ – CH$_2$NMe$_2$ – H], 274 (100) [M$^+$$_{Hydrolyse}$ – Ar]. – C$_{25}$H$_{34}$N$_2$Si (390.2491): korrekte HRMS. – C$_{25}$H$_{34}$N$_2$Si (390.64): ber. C 76.87, H 8.77, N 7.17; gef. C 74.66, H 9.19, N 7.24.

*Thermolyse von **35** in Gegenwart von 2,2'-Bipyridyl.*: Eine Lösung von 211 mg (0.54 mmol) **35** in 10 mL Xylol wurde mit 84 mg (0.54 mmol) 2,2'-Bipyridyl versetzt. Die Lösung wurde 12 h bei 120 °C gerührt, und nach Abkondensieren des Xylols i. Vak. wurden durch Kristallisation aus Diethylether 63 mg (0.14 mmol, 25%) **19** erhalten.

1,1-Bis-[2-(dimethylaminomethyl)phenyl]-4,4-dimethyl-1-silaspiro[2.2]pentan (**37**): Eine Lösung von 70 mg (0.08 mmol) **17a** und 0.1 mL 2,2-Dimethylmethylencyclopropan (**36**) in 4 mL Toluol wurde für 12 h bei 40 °C gerührt. Toluol und Überschuß Alken wurden i. Vak. abkondensiert, und 90 mg **37** verblieben als spektroskopisch sauberes, blaß-gelbes Öl. – ^{1}H-NMR: (C_6D_6, zusätzliches Homodecoupling für 2-H und 5-H): $\delta = 0.73$, 1.13 (AX-System, $^2J = 3$ Hz; 2 H, 5-H), 0.88, 1.23 (AB-System, $^2J = 10$ Hz; 2 H, 2-H), 1.21 (s; 3 H, CH_3), 1.39 (s; 3 H, CH_3), 1.76 (s; 6 H, NMe_2), 1.80 (s; 6 H, NMe_2), 3.12, 3.27 (AB-System, $^2J = 13$ Hz, 2 H, CH_2N), 3.21, 3.28 (AB-System, $^2J = 13$ Hz; 2 H, CH_2N), 6.99–7.02 (m; 1 H, ar-H), 7.13–7.23 (m; 5 H, ar-H), 7.85–7.88 (m, 1 H, ar-H), 8.09–8.13 (m; 1 H, ar-H). – ^{13}C-NMR (C_6D_6): $\delta = 8.1$ (C-2), 20.2 (C-3 und C-4), 23.4 (CH_3), 27.7 (CH_3), 28.3 (C-5), 45.1 (NMe_2), 45.4 (NMe_2), 64.4 (CH_2N), 64.6 (CH_2N), 126.5 (ar-CH), 126.9 (ar-CH), 127.2 (ar-CH), 128.4 (ar-CH), 128.7 (ar-CH), 129.3 (ar-CH), 135.5 (ar-CH), 135.9 (2 x ar-C_q), 137.1 (ar-CH), 145.5 (ar-C_q), 145.6 (ar-C_q). – ^{29}Si-NMR (C_6D_6): $\delta = -72.4$. – MS (EI, 70 eV), *m/z* (%): 378 (4) [M⁺], 363 (16) [M⁺ – Me], 262 (100), 244 (17) [M⁺ – Ar]. – $C_{24}H_{34}N_2Si$ (378.63): ber. C 76.13, H 9.05; gef. C 76.23, H 9.25.

7,7-Bis-[2-(dimethylaminomethyl)phenyl]-7-siladispiro[2.0.2.1]heptan (**39**): Eine Lösung von 112 mg (0.13 mmol) **17a** und 31 mg (0.39 mmol) Bicyclopropyliden (**38**) in 0.4 mL C_6D_6 wurde für 7 h auf 50 °C erwärmt. **39** wurde nach dem Entfernen des Lösungsmittels i. Vak. quantitativ erhalten. – ^{1}H-NMR: (C_6D_6): $\delta = 0.67$, 0.85 (m; AA'BB'-System; 8 H, 1-H, 2-H, 5-H,6-H), 1.74 (s; 12 H, NMe_2), 3.27 (s; 4 H, CH_2N), 7.13–7.23 (m; 6 H, ar-H), 8.07–8.11 (m; 2 H, ar-H). – ^{13}C-NMR (C_6D_6): $\delta = 8.3$ (C-1, 2, 5, 6), 10.9 (C-3, 4), 45.3 (NMe_2), 64.7 (CH_2N), 126.7 (ar-CH), 127.3 (ar-CH), 129.0 (ar-CH), 136.4 (ar-C_q), 136.6 (ar-CH), 144.9 (ar-C_q). – ^{29}Si-NMR (C_6D_6): $\delta = -75.6$.

1,1-Bis[2-(dimethylaminomethyl)phenyl]-3,4-dimethyl-1-silacyclopent-3-en (**42**): Eine Lösung von 51 mg (0.06 mmol) **17a** in 5 mL Toluol wurde mit 0.2 mL 2,3-Dimethyl-1,3-butadien 12 h bei 40 °C gerührt. Das Lösungsmittel und Butadien wurden i. Vak. abkondensiert. Es verblieben 66 mg **42** als farbloses, spektroskopisch sauberes Öl. Durch Kugelrohrdestillation (125 °C/5 x 10^{-4} Torr) wurden 37 mg (56%) analytisch reines **42** als weißer Feststoff isoliert (Schmp. 70 °C). – ^{1}H-NMR (CDCl₃): $\delta = 1.74$ (br. s; 6 H, CH_3), 1.84 (br. s; 16 H, NMe_2, 2,5-H), 3.15 (s; 4 H, CH_2N), 7.25–7.30 (m; 6 H, ar-H), 7.69 (d, $^3J = 7$ Hz; 2 H, ar-H). – ^{1}H-NMR (C_6D_6): $\delta = 1.76$ (s; 12 H, NMe_2), 1.86 (s; 6 H, CH_3), 1.99 (br. s; 4 H, 2,5-H), 3.12 (s; 4 H, CH_2N), 7.17–7.28 (m; 6 H, ar-H), 7.82–7.88 (m; 2 H, ar-H). – ^{13}C-NMR (CDCl₃): $\delta = 19.2$ (CH_3), 25.5 (CH_2), 45.1 (NMe_2), 64.5 (CH_2N), 126.1 (ar-CH), 128.3 (ar-CH), 128.8 (ar-CH), 130.4 (C-3,4), 135.7 (ar-CH), 136.6 (ar-C_q), 145.3 (ar-C_q). – ^{29}Si-NMR (C_6D_6): $\delta = -2.3$. – MS (EI, 70 eV) *m/z* (%): 378 (10) [M⁺], 363

76

(4) [M$^+$– Me], 296 (4) [Ar$_2$Si$^+$], 281 (100) [Ar$_2$Si$^+$– Me], 244 (40) [M$^+$– Ar]. – C$_{24}$H$_{34}$N$_2$Si (378.63): ber. C 76.13, H 9.05, N 7.40; gef. C 76.26, H 9.15, N 7.39.

7,7-Bis-[2-(dimethylaminomethyl)phenyl]-7-silabicyclo[2.2.1]hept-2-en (**43**): Eine Lösung von 58 mg (0.07 mmol) **17a** und 0.2 mL 1,3-Cyclohexadien in 4 mL Toluol wurde für 12 h bei 40 °C gerührt. Das Lösungsmittel und restliches Dien wurden i. Vak. entfernt, und 73 mg (100%) **43** verblieben als analysenreiner, weißer Feststoff (Schmp. 100 °C). – ^{1}H-NMR (C$_6$D$_6$; zusätzliches ^{1}H,^{1}H-COSY): δ = 1.57 (br. d, ^2J = 7 Hz; 2 H, 5,6-H$_{endo}$), 1.79 (s; 6 H, NMe$_2$), 1.88 (s; 6 H, NMe$_2$), 2.17 (br. d, ^2J = 7 Hz; 2 H, 5,6-H$_{exo}$), 2.45 (br. s; 2 H, 1,4-H), 3.09 (s; 2 H, CH$_2$N), 3.13 (s; 2 H, CH$_2$N), 6.45 (dd, ^3J = 4 Hz, ^4J = 3 Hz; 2 H, 2,3-H), 7.11–7.26 (m; 6 H, ar-H), 7.72–7.76 (m; 1 H, ar-H), 7.88–7.92 (m; 1 H, ar-H). – ^{13}C-NMR (C$_6$D$_6$): δ = 25.8 (C-5,6), 31.3 (C-1,4), 44.8 (NMe$_2$), 44.9 (NMe$_2$), 64.6 (CH$_2$N), 65.0 (CH$_2$N), 125.6 (ar-CH), 126.1 (ar-CH), 128.3 (ar-CH), 128.9 (ar-CH), 129.3 (ar-CH), 129.4 (ar-CH), 133.8 (C-2,3), 134.6 (ar-C$_q$), 137.1 (ar-C$_q$), 137.7 (ar-C$_q$), 140.1 (ar-CH), 145.7 (ar-C$_q$), 146.6 (ar-C$_q$). – ^{29}Si-NMR (C$_6$D$_6$): δ = 19.0. – MS (EI, 70 eV) *m/z* (%): 376 (5) [M$^+$], 296 (7) [Ar$_2$Si$^+$], 281 (100) [Ar$_2$Si$^+$– Me], 238 (33) [Ar$_2$Si – CH$_2$NMe$_2$]. – C$_{24}$H$_{32}$N$_2$Si (367.62): ber. C 76.54, H 8.56; gef. C 76.49, H 8.70.

2,3,5,6-Dibenzo-7,7-bis[2-(dimethylaminomethyl)phenyl]-7-silabicyclo[2.2.1]hepta-2,5-dien (**44**): Eine Suspension von 133 mg (0.15 mmol) **17a** und 80 mg (0.45 mmol) Anthracen in 0.4 mL C$_6$D$_6$ wurde 2 d auf 60 °C erwärmt. Die nun klare Lösung wurde i. Vak. von allen flüchtigen Bestandteilen befreit. Restliches Anthracen wurde bei 40 °C i. Vak. (10^{-3} Torr) absublimiert, und **44** verblieb quantitativ als weißer Feststoff (Schmp. 158–159°C). – ^{1}H-NMR (C$_6$D$_6$): δ = 1.79 (s; 12 H, NMe$_2$), 2.77 (s; 4 H, CH$_2$N), 4.34 (s; 2 H, 1, 4-H), 6.81–6.95 (m; 10 H, ar-H), 7.33–7.36 (m; 4 H, ar-H), 7.62 (dd, ^3J = 8 Hz, ^4J = 2 Hz; 2 H, ar-H). – ^{13}C-NMR (C$_6$D$_6$): δ = 45.1 (NMe$_2$), 48.0 (C-1, 4), 64.7 (CH$_2$N), 123.1 (ar-CH), 124.6 (ar-CH), 125.7 (ar-CH), 127.9 (ar-CH), 129.2 (ar-CH), 133.6 (ar-C$_q$), 139.0 (ar-C$_q$), 145.1 (ar-C$_q$), 145.8 (ar-C$_q$). – ^{29}Si-NMR (C$_6$D$_6$): δ = 34.9. – MS (DCI, NH$_3$) *m/z* (%): 491 (100) [M$^+$ + NH$_3$ + H].

2.3. Reaktionen von 17a mit Nitrilen

4-tert-Butyl-1,1,2,2-tetrakis-[2-(dimethylaminomethyl)phenyl]-1,2-disila-3-azetin (**47**): Eine Lösung von 270 mg (0.30 mmol) **17a** in 10 mL Toluol wurde mit 0.2 mL Pivalinsäurenitril 12 h bei 50 °C gerührt. Nach dem Abdestillieren des Toluols und des restlichen Nitrils verblieb **47** quantitativ als ^{1}H-NMR-spektroskopisch sauberes, leuchtend grünes Öl. – IR (Film): ṽ =

1555, 1590 cm^{-1} (C=N). – ^{1}H-NMR: (C$_6$D$_6$): δ = 1.31 (s; 9 H, CMe$_3$), 1.93 (s; 12 H, NMe$_2$), 2.01 (s; 12 H, NMe$_2$), 3.26, 3.46 (AB-System, ^2J = 14 Hz; 4 H, CH$_2$N), 3.27, 3.86 (AB-System, ^2J = 14 Hz; 4 H, CH$_2$N), 6.89–7.19 (m; 8 H, ar-H), 7.46 (d, ^3J = 8 Hz; 2 H, ar-H), 7.57 (d, ^3J = 10 Hz; 2 H, ar-H), 7.61 (d, ^3J = 8 Hz; 2 H, ar-H), 7.74 (d, ^3J = 7 Hz; 2 H, ar-H). – ^{13}C-NMR (C$_6$D$_6$): δ = 28.8 (CH$_3$), 44.9 (C$_q$), 45.4 (NMe$_2$), 45.5 (NMe$_2$), 64.4 (CH$_2$N), 65.0 (CH$_2$N), 125.8 (ar-CH), 126.4 (ar-CH), 128.2 (ar-CH), 128.5 (ar-CH), 129.3 (ar-CH), 129.4 (ar-CH), 135.9 (ar-C$_q$), 137.0 (ar-C$_q$), 137.3 (ar-CH), 145.3 (ar-C$_q$), 146.1 (ar-C$_q$), 230.1 (C-4), ein ar-CH-Signal wurde nicht detektiert. – ^{29}Si-NMR (C$_6$D$_6$): δ = 3.5, –0.4. – C$_{41}$H$_{57}$N$_5$Si$_2$ (676.11): ber. C 72.84, H 8.50; gef. C 70.03, H 8.45.

4-Methylen-1,1,2,2-tetrakis-[2-(dimethylaminomethyl)phenyl]-1,2-disila-3-azetidin (**49**): Eine Lösung von 185 mg (0.21 mmol) **17a** und 0.2 ml Acetonitril in 10 mL Toluol wurde 4.5 h bei 60 °C gerührt. Nach Abdestillieren aller leicht flüchtigen Verbindungen i. Vak. wurde in *n*-Hexan aufgenommen und vom unlöslichen Rückstand über eine G4-Fritte abfiltriert. Bei 0 °C kristallisierten 82 mg (41%) **49** in Form hellgelber Kristalle (Schmp. 132–133 °C). – ^{1}H-NMR: (C$_6$D$_6$): δ = 1.75 (s; 12 H, NMe$_2$), 1.96 (s; 12 H, NMe$_2$), 3.01, 3.10 (AB-System, ^2J = 13 Hz; 4 H, CH$_2$N), 3.39, 3.49 (AB-System, ^2J = 14 Hz; 4 H, CH$_2$N), 4.80 (s; 1 H, =CH), 4.95 (br. s; 1 H, NH), 5.16 (s; 1 H, =CH), 6.96 (d, ^3J = 7 Hz; 2 H, ar-H), 6.99 (d, ^3J = 6 Hz; 2 H, ar-H), 7.13–7.14 (m; 4 H, ar-H), 7.20 (d, ^3J = 7 Hz; 2 H, ar-H), 7.56 (d, ^3J = 7 Hz; 2 H, ar-H), 7.79 (d, ^3J = 7 Hz; 2 H, ar-H), 8.09 (d, ^3J = 7 Hz; 2 H, ar-H). – ^{13}C-NMR (C$_6$D$_6$): δ = 45.4 (NMe$_2$), 45.9 (NMe$_2$), 65.0 (CH$_2$N), 65.1 (CH$_2$N), 91.2 (=CH$_2$), 126.5 (ar-CH), 126.8 (ar-CH), 128.8 (ar-CH), 128.9 (ar-CH), 129.2 (ar-CH), 129.7 (ar-CH), 135.4 (ar-C$_q$), 137.6 (ar-CH), 137.9 (ar-C$_q$), 138.2 (ar-CH), 145.1 (ar-C$_q$), 146.5 (ar-C$_q$), 158.8 (C-4). – ^{29}Si-NMR (C$_6$D$_6$): δ = –3.3, –5.3.

1,1-Bis-[2-(dimethylaminomethyl)phenyl]-1-cyano-2,2,2-trimethyldisilan (**50**): Eine Lösung von 820 mg (0.92 mmol) **17a** und 1 mL Trimethylsilylnitril in 40 mL Toluol wurde 2 d bei Raumtemperatur gerührt. Leicht flüchtige Verbindungen wurden i. Vak. bei 30 °C abdestilliert, und es verblieb spektroskopisch reines Disilan **50**, das durch Kristallisation aus *n*-Hexan weiter gereinigt wurde. Es wurden 473 mg (43%) **50** als analysenreine, farblose Kristalle gewonnen (Schmp. 128–129 °C). – ^{1}H-NMR: (C$_6$D$_6$): δ = 0.38 (s; 9 H, SiMe$_3$), 1.74 (s; 12 H, NMe$_2$), 2.96, 3.33 (AB-System, ^2J = 13 Hz; 4 H, CH$_2$N), 7.13–7.18 (m; 6 H, ar-H), 8.00–8.10 (m; 2 H, ar-H). – ^{13}C-NMR (CDCl$_3$): δ = –0.6 (SiCH$_3$), 45.1 (NMe$_2$), 64.3 (CH$_2$N), 126.6 (ar-CH), 128.8 (ar-CH), 129.4 (CN), 129.9 (ar-CH), 130.3 (ar-C$_q$), 137.1 (ar-CH), 145.9 (ar-C$_q$). – ^{29}Si-NMR (C$_6$D$_6$): δ = –15.2 (SiMe$_3$), –40.8 ($^1J_{SiSi}$ = 98 Hz). – MS (EI, 70 eV), *m/z* (%): 395 (2) [M$^+$], 380 (13) [M – Me], 322 (82) [M$^+$ – SiMe$_3$], 261

78

(100) [M$^+$ – Ar], 134 (35) [Ar$^+$], 73 (14) [SiMe$_3$$^+$]. – C$_{22}H_{33}N_3Si_2$ (395.69): ber. C 66.78, H 8.41, N 10.62; gef. C 66.92, H 8.43, N 10.52.

2.4. Reaktionen von 17a mit Ketonen und Iminen

1,1-Bis[2-(dimethylaminomethyl)phenyl]-3,4-bis(fluorenyliden)-2,5-dioxa-1-silacyclopentan (**57a**): Eine Lösung von 169 mg (0.19 mmol) **66** und 205 mg (1.14 mmol) Fluorenon in 20 mL Toluol wurden 4 h bei 50 °C gerührt. Nach dem Einengen kristallisierte ein gelber Feststoff bei 0 °C, der mit 5 mL *n*-Hexan gewaschen wurde. Nach dem Trocknen i. Vak. verblieben 256 mg (68%) **127** als gelblicher Feststoff (Schmp. >200 °C). – ^{1}H-NMR (CDCl$_3$): δ = 1.95 (s; 12 H, NMe$_2$), 3.41 (s; 4 H, CH$_2$N), 6.72 (dd, ^3J = 7 Hz, ^3J = 7 Hz; 4 H, ar-H), 6.92–7.10 (m; 12 H, ar-H), 7.35–7.39 (m, 2 H, ar-H), 7.53 (mc; 4 H, ar-H), 8.63–8.68 (m; 2 H, ar-H). – ^{13}C-NMR (CDCl$_3$): δ = 45.7 (NMe$_2$), 63.8 (CH$_2$N), 93.5 (C-3, C-4), 118.8 (br., ar-CH), 125.2 (br., ar-CH), 126.4 (ar-CH), 127.1 (ar-CH), 127.6 (ar-CH), 130.1 (ar-CH), 137.1 (ar-C$_q$), 138.0 (ar-CH), 140 (sehr br., ar-C$_q$), 145.4 (ar-C$_q$). – ^{29}Si-NMR (CDCl$_3$): δ = –31.5. – MS (EI, 70 eV), *m/z* (%): 656 (1) [M$^+$], 611 (2) [M$^+$ – Me], 522 (1) [M$^+$ – Ar], 476 (78) [M$^+$ – Fluorenon], 180 (100) [Fluorenon$^+$], 58 (19) [CH$_2$NMe$_2$$^+$]. C$_{44}H_{40}N_2O_2Si_1$ (656.2859): korrekte HRMS.

2',2'-Bis[2-(dimethylaminomethyl)phenyl]-3'-oxa-2'-silaadamantanspirocyclopropan (**62**): Eine Lösung von 255 mg (0.29 mmol) **17a** und 129 mg (0.86 mmol) Adamantanon in 10 mL Toluol wurde für 12 h bei 60 °C gerührt. Nach Abkondensieren des Lösungsmittels i. Vak. wurde der Rückstand in 10 mL Diethylether suspendiert. Nach Filtration über eine G4-Fritte verblieben 179 mg **62** als weißer Feststoff (Schmp. 150–152 °C). Aus dem Filtrat kristallisierten weiterhin 123 mg (insges. 72%) **62**. ^{1}H-NMR (323 K, 300 MHz, C$_6$D$_6$; zusätzliches ^{1}H,^{1}H-COSY, 333 K): δ = 1.67, 2.84 (AB-System, ^2J = 11 Hz; 4 H, 3-,5-H), 1.90 (br. s; 2 H, Ad-CH), 1.91–2.02 (m; 20 H, NMe$_2$, Ad-H, Ad-CH$_2$), 3.07, 3.52 (AB-System, ^2J = 13 Hz; 4 H, CH$_2$N), 7.16–7.21 (m; 6 H, ar-H), 8.15–8.17 (m; 2 H, ar-H). – ^{13}C-NMR (328 K, 75.5 MHz, C$_6$D$_6$): δ = 28.4 (Ad-CH), 29.1 (Ad-CH), 33.7 (Ad-CH$_2$), 38.1 (Ad-CH$_2$), 38.6 (Ad-CH$_2$), 45.8 (NMe$_2$), 64.3 (CH$_2$N), 84.6 (C-1), 126.4 (ar-CH), 129.2 (ar-CH), 135.5 (ar-C$_q$), 136.5 (ar-CH), 144.7 (ar-C$_q$); ein ar-CH nicht identifiziert, da es unter den C$_6$D$_6$-Signalen zu liegen kommt. – ^{29}Si-NMR (C$_6$D$_6$): δ = –77.2. – MS (FAB, 3-NBA), *m/z* (%): 600 (30) [M$^+$ + Matrix], 465 (82) [M$^+$ + Matrix – Ar], 447 (100) [M$^+$ + H], 402 (25) [M$^+$ – NMe$_2$]. – C$_{28}$H$_{38}$N$_2$OSi (446.71): ber. C 75.29, H 8.57, N 6.27; gef. C 75.13, H 8.59, N 6.33.

4,5-Benzo-1,1-bis[2-(dimethylaminomethyl)phenyl]-2,3-diphenyl-2-aza-1-silacyclopent-4-en
(**63**): Eine Lösung von 127 mg (0.14 mmol) **17a** und 108 mg (0.42 mmol) Benzophenonanil
wurde 12 h bei 50 °C gerührt. Das Lösungsmittel wurde i. Vak. entfernt, und der Rückstand
wurde mit 10 mL Diethylether gewaschen. Es verblieben 100 mg (43%) **63** als weißer
Feststoff (Schmp. 182–184 °C). – ^{1}H-NMR (CDCl$_3$): δ = 1.51 (s; 6 H, NMe$_2$), 2.14 (s; 6 H,
NMe$_2$), 2.64, 3.06 (AB-System, ^3J = 13 Hz; 2 H, CH$_2$N), 3.50, 3.79 (AB-System, ^3J = 14
Hz; 2 H, CH$_2$N), 5.85 (s; 1 H, 3-H), 6.48 (dd, ^3J = 7 Hz, ^3J = 7 Hz; 1 H, ar-H), 6.79–6.89
(m; 4 H, ar-H), 7.00–7.25 (m; 10 H, ar-H), 7.37–7.43 (m; 3 H, ar-H), 7.59–7.74 (m; 3 H,
ar-H), 8.00 (d, ^3J = 7 Hz; 1 H, ar-H). – ^{13}C-NMR (CDCl$_3$): δ = 45.2 (NMe$_2$), 45.4 (NMe$_2$),
63.5 (CH$_2$N), 65.5 (CH$_2$N), 68.9 (C-3), 118.2 (3 x ar-CH), 125.5 (ar-CH), 126.1 (ar-CH),
126.3 (ar-CH), 126.6 (ar-CH), 127.0 (ar-CH), 127.9 (ar-CH), 128.2 (ar-CH), 128.5 (2 x ar-
CH), 128.5 (2 x ar-CH), 129.2 (ar-CH), 129.8 (ar-CH), 130.3 (ar-CH), 130.5 (ar-C$_q$), 132.4
(ar-CH), 132.7 (ar-C$_q$), 134.0 (ar-C$_q$), 137.7 (ar-CH), 138.5 (ar-CH), 134.0 (ar-C$_q$), 144.2
(ar-C$_q$), 145.8 (ar-C$_q$), 146.9 (ar-C$_q$), 152.0 (ar-C$_q$). – ^{29}Si-NMR (C$_6$D$_6$): δ = –2.8 (br. s). –
MS (EI, 70 eV), *m/z* (%): 553 (21) [M$^+$], 419 (52) [M$^+$ – Ar], 297 (31) [Ar$_2$Si$^+$ + H], 58
(100) [CH$_2$NMe$_2^+$]. – C$_{37}$H$_{39}$N$_3$Si (553.2913): korrekte HRMS. – C$_{37}$H$_{39}$N$_3$Si (553.82):
ber. C 80.24, H 7.10; gef. C 80.08, H 7.20.

*2,2-Bis[2-(dimethylaminomomethyl)phenyl]-1-(2,6-dimetylphenyl)-1-aza-2-sila-1,2-dihydro-
acefluorenylen* (**66**): Eine Lösung von 233 mg (0.26 mmol) **17a** wurde mit 221 mg (0.78
mmol) Fluorenon-2,6-dimethylanil (**64**) in 20 mL Toluol bei 50 °C gerührt. Nach
Abkondensieren des Lösungsmittels i. Vak. wurde aus *n*-Hexan kristallisiert, und 349 mg
(77%) **66** wurden als weißer Feststoff isoliert (Schmp. 164 °C). – ^{1}H-NMR (CDCl$_3$): δ =
1.50 (s; 3 H, CH$_3$), 1.63 (s; 12 H, NMe$_2$), 1.91 (s; 6 H, NMe$_2$), 2.26 (s; 3 H, CH$_3$), 2.03,
3.02 (AB-System, ^2J = 15 Hz; 2 H, CH$_2$N), 2.59, 3.21 (AB-Syst., ^2J = 13 Hz; 2 H, CH$_2$N),
5.90 (s; 1 H, 2c-H), 6.68 (d, ^3J = 8 Hz; 1 H, ar-H), 6.78 (dd, ^3J = 6 Hz, ^4J = 3 Hz; 1 H, ar-
H), 6.92–7.02 (m; 4 H, ar-H), 7.21–7.46 (m; 8 H, ar-H), 7.59 (d, ^3J = 7 Hz; 1 H, ar-H),
7.67 (d, ^3J = 7 Hz; 2 H, ar-H), 8.19 (dd, ^3J = 7 Hz, ^4J = 2 Hz; 1 H, ar-H). – ^{13}C-NMR
(CDCl$_3$): δ = 20.3 (CH$_3$), 20.5 (CH$_3$), 44.9 (NMe$_2$), 45.3 (NMe$_2$), 62.2 (CH$_2$N), 64.3
(CH$_2$N), 70.3 (C-2c), 121.1 (ar-CH), 121.2 (ar-CH), 124.9 (ar-CH), 125.2 (ar-CH), 125.4
(ar-CH), 126.2 (ar-CH), 126.4 (ar-CH), 126.8 (ar-CH), 127.4 (ar-CH), 128.2 (ar-CH),
128.5 (ar-CH), 128.7 (ar-CH), 129.0 (ar-CH), 129.7 (ar-CH), 131.6 (ar-CH), 133.7 (ar-C$_q$),
134.4 (ar-C$_q$), 135.6 (ar-C$_q$), 136.7 (ar-CH), 136.8 (ar-CH), 136.8 (ar-C$_q$), 138.0 (ar-C$_q$),
140.2 (ar-C$_q$), 141.9 (ar-C$_q$), 144.4 (ar-C$_q$), 145.3 (ar-C$_q$), 145.6 (ar-CH), 146.6 (ar-C$_q$),
148.6 (ar-C$_q$), 162.6 (ar-C$_q$). – ^{29}Si-NMR (C$_6$D$_6$): δ = –0.2. – MS (EI, 70 eV), *m/z* (%): 579
(10) [M$^+$], 534 (100) [M$^+$ – HNMe$_2$], 489 (71) [M$^+$ – 2 HNMe$_2$], 476 (52) [M$^+$ – HNMe$_2$ –
CH$_2$NMe$_2$]. – C$_{39}$H$_{41}$N$_3$Si (579.3070): korrekte HRMS.

1,1-Bis[2-(dimethylaminomethyl)phenyl]-2,5-di-tert-butyl-2,5-diaza-1-silacyclopent-2-en
(**68a**): Eine Lösung von 1.497 g (1.68 mmol) **17a** in 20 mL Toluol wurden mit 850 mg (5.05 mmol) 1,4-Di-*tert.*-butyl-1,4-diaza-1,3-butadien für 3 h bei 60 °C gerührt. Nach Abkondensieren des Lösungsmittels i. Vak. verblieb ^{1}H-NMR-spektroskopisch sauberes **68a** als grüner Feststoff. Durch Kristallisation aus Toluol bei –4 °C wurden 1.243 mg (53%) analytisch sauberes **68a** isoliert (Schmp. 175 °C). – ^{1}H-NMR (CDCl$_3$): δ = 1.01 (s; 18 H, CMe$_3$), 2.32 (s; 12 H, NMe$_2$), 3.82 (s; 4 H, CH$_2$N), 5.88 (s; 2 H, 3-, 4-H), 7.17 (dd, ^3J = 7 Hz, ^3J = 7 Hz; 2 H, ar-H), 7.42 (dd, ^3J = 8 Hz, ^3J = 7 Hz; 2 H, ar-H), 7.83 (d, ^3J = 8 Hz; 2 H, ar-H), 7.88 (d, ^3J = 7 Hz; 2 H, ar-H). – ^{13}C-NMR (CDCl$_3$): δ = 30.2 (Me), 46.0 (NMe$_2$), 51.8 (C$_q$), 62.6 (CH$_2$N), 112.2 (C-3, C-4), 124.0 (ar-CH), 127.3 (ar-CH), 129.8 (ar-CH), 133.5 (ar-C$_q$), 137.6 (ar-CH), 148.8 (ar-C$_q$). – ^{29}Si-NMR (CDCl$_3$): δ = –22.6. – MS (EI, 70 eV), *m/z* (%): 464 (100) [M$^+$], 407 (2) [M$^+$ – *t*-Bu], 330 (7) [M$^+$ – Ar]. – C$_{28}$H$_{44}$N$_4$Si (464.3335): korrekte HRMS. – C$_{28}$H$_{44}$N$_4$Si (464.77): ber. C 72.36, H 9.54, N 12.05; gef. C 72.47, H 9.64, N 12.14.

1,1-Bis[2-(dimethylaminomethyl)phenyl]-2,5-dicyclohexyl-2,5-diaza-1-silacyclopent-2-en
(**68b**): Eine Lösung von 68 mg (0.08 mmol) **17a** in 0.4 mL C$_6$D$_6$ wurde mit 50 mg (0.23 mmol) 1,4-Dicyclohexyl-1,4-diaza-1,3-butadien 12 h auf 50 °C erwärmt. Restliche Spuren Diazabutadien wurden aus der C$_6$D$_6$-Lösung kristallisiert. Nach Einengen des Filtrats i. Vak. verblieb als einziges Produkt ^{1}H-NMR-spektroskopisch sauberes **68b** als zähes, grünes Öl. – ^{1}H-NMR (C$_6$D$_6$): δ = 0.83–1.91 (m; 20 H, CH$_2$), 2.03 (s; 12 H, NMe$_2$), 3.26–3.49 (m; 2 H, CH), 3.51 (s; 4 H, CH$_2$N), 5.99 (s; 2 H, 3-, 4-H), 7.10–7.27 (m; 4 H, ar-H), 7.60 (d, ^3J = 7 Hz; 2 H, ar-H), 7.96 (d, ^3J = 7 Hz; 2 H, ar-H). – ^{13}C-NMR (C$_6$D$_6$): δ = 26.2 (CH$_2$), 26.7 (CH$_2$), 34.4 (CH$_2$), 45.6 (NMe$_2$), 53.3 (NCH), 64.2 (CH$_2$N), 112.3 (C-3, C-4), 126.5 (ar-CH), 129.4 (ar-CH), 129.8 (ar-CH), 136.1 (ar-C$_q$), 136.7 (ar-CH), 145.7 (ar-C$_q$). – ^{29}Si-NMR (CDCl$_3$) δ = –17.6. – MS (EI, 70 eV), *m/z* (%): 516 (100) [M$^+$], 382 (10) [M$^+$ – Ar]. – C$_{32}$H$_{48}$N$_4$Si (516.3648): korrekte HRMS.

2. 5. Reaktionen von 17a mit Isocyanaten

1,1,3,3,5,5-Hexakis[2-(dimethylaminomethyl)phenyl]cyclotrisiloxan (**72**): Eine Lösung von 123 mg (0.14 mmol) **17a** in 1.5 mL Toluol wurde mit 53 mL (0.41 mmol) Cyclohexylisocyanat für 2 h bei 70 °C gerührt. Nachdem das Toluol i. Vak. abdestilliert wurde, verblieb ein farbloses Öl, das nach Umkristallisieren aus *n*-Hexan 90 mg (71%) **72** als weißen Feststoff ergab (Schmp. 222°C). – ^{1}H-NMR (C$_6$D$_6$): δ = 1.96 (s; 36 H, NMe$_2$), 3.54 (s;

12 H, CH$_2$N), 6.91 (dd, ^3J = 7 Hz, ^3J = 7 Hz; 6 H, ar-H), 7.20 (dd, ^3J = 8 Hz, ^3J = 8 Hz; 6 H, ar-H), 7.57 (d, ^3J = 8 Hz; 6 H, ar-H), 7.77 (d, ^3J = 7 Hz; 6 H, ar-H). – ^{13}C-NMR (C$_6$D$_6$): δ = 45.5 (NMe$_2$), 64.4 (CH$_2$N), 126.4 (ar-CH), 128.0 (ar-CH), 129.9 (ar-CH), 136.1 (ar-CH), 136.6 (ar-C$_q$), 145.5 (ar-C$_q$). – ^{29}Si-NMR (C$_6$D$_6$): δ = –39.9. – MS (EI, 70 eV), m/z (%): 936 (100) [M$^+$], 802 (13) [M$^+$ – Ar]. – C$_{54}$H$_{72}$N$_6$O$_3$Si$_3$ (939.45): ber. C 69.19, H 7.74, N 8.96; gef. C 69.28, H 7.77, N 8.85.

1,1-Bis[2-(dimethylaminomethyl)phenyl]-3,3,5,5,7,7-hexamethylcyclotetrasiloxan (**73**): Eine Lösung von 713 mg (0.80 mmol) **17a** in 20 mL Toluol wurde mit 0.31 mL (2.40 mmol) Cyclohexylisocyanat und 533 mg (2.40 mmol) Hexamethylcyclotrisiloxan für 2 h bei 60 °C gerührt und anschließend i. Vak. von allen flüchtigen Bestandteilen befreit. Das spektroskopisch saubere, farblose Öl wurde im Kugelrohr bei 120 °C/10^{-3} Torr destilliert, und 788 mg (61%) **73** wurden als weißer Feststoff isoliert (Schmp. 69–70°C). – ^{1}H-NMR (C$_6$D$_6$): δ = 0.19 (s; 12 H, SiMe$_2$), 0.22 (s; 6 H, SiMe$_2$),1.88 (s; 12 H, NMe$_2$), 3.44 (s; 4 H, CH$_2$N), 7.22–7.26 (m; 4 H, ar-H), 7.43–7.47 (m; 2 H, ar-H), 8.18–8.21 (m; 2 H, ar-H). – ^{13}C-NMR (C$_6$D$_6$): δ = 1.0 (3 x SiMe$_2$), 45.1 (NMe$_2$), 64.3 (CH$_2$N), 126.3 (ar-CH), 128.3 (ar-CH), 129.8 (ar-CH), 135.8 (ar-CH), 137.0 (ar-C$_q$), 145.4 (ar-C$_q$). – ^{29}Si-NMR (C$_6$D$_6$): δ = –18.1 (SiMe$_2$), –18.6 (SiMe$_2$), –45.5 (SiAr$_2$). – MS (EI, 70 eV), m/z (%): 534 (13) [M$^+$], 519 [M$^+$ – Me] (15), 476 (9) [M$^+$ – Me$_2$NCH$_2$], 400 (100) [M$^+$ – Ar], 58 (20) [Me$_2$NCH$_2^+$]. – C$_{24}$H$_{42}$N$_2$O$_4$Si$_4$ (534.2222): korrekte HRMS.

1,1,3,3-Tetrakis[2-(dimethylaminomethyl)phenyl]-cyclodisiloxan (**75a**): Eine Lösung von 589 mg (0.66 mmol) **17a** und 0.22 mL (1.99 mmol) Phenylisocyanat in 20 mL Toluol wurde für 2 h bei 50 °C gerührt. Nach dem Abkondensieren des Toluols und des entstandenen Isonitrils i. Vak. wurde das verbliebene dunkelgelbe Öl in Diethylether gelöst, und bei –4 °C kristallisierten 145 mg (23%) **75a** als farblose Kristalle (Schmp. 163 °C). – ^{1}H-NMR (C$_6$D$_6$): δ = 1.93 (s; 24 H, NMe$_2$), 3.27 (s; 8 H, CH$_2$N), 6.89–7.27 (m; 12 H, ar-H), 8.07 (d, ^3J = 7 Hz; 4 H, ar-H). – ^{13}C-NMR (C$_6$D$_6$): δ = 45.7 (NMe$_2$), 64.1 (CH$_2$N), 126.3 (ar-CH), 126.8 (ar-CH), 128.9 (ar-CH), 137.2 (ar-CH), 138.8 (ar-C$_q$), 144.4 (ar-C$_q$). – ^{29}Si-NMR (C$_6$D$_6$): δ = –45.4. – MS (EI, 70 eV), m/z (%): 624 (14) [M$^+$] , 490 (7) [M$^+$ – Ar], 298 (10) [SiAr$_2$], 119 (100) [Ar – Me]. – C$_{36}$H$_{48}$N$_4$O$_2$Si$_2$ (624.3315): korrekte HRMS.

Reaktion von **17a** *mit Phenylisocyanat in Gegenwart von D$_3$*: Eine Lösung von 60 mg (0.07 mmol) **17a** und 0.02 mL (0.20 mmol) Phenylisocyanat in 0.4 mL C$_6$D$_6$ wurde in Gegenwart von einem Überschuß D$_3$ für 2 h auf 70 °C erwärmt. Ein komplexes Reaktionsgemisch wurde gebildet, in dem 0.09 mmol (43%) **73** und 0.02 mmol (19%) **75a** im ^{1}H-NMR-Spektrum identifiziert und mit Poly(dimethylsiloxan) als internem Integrationsstandard bestimmt wurden.

Reaktion von **17a** *mit Isocyanaten bei verschiedenen Konzentrationen*: In verschiedenen Versuchen wurde in einem NMR-Rohr eine Lösung von **17a** in 0.4 mL C_6D_6 mit 3 Äquivalenten Isocyanat für 2 h auf 55–60 °C erwärmt. **17a** reagierte in dieser Zeit zu einem Gemisch von **72** und **75a**; das Produktverhältnis wurde ^{1}H-NMR-spektroskopisch bestimmt.

RNCO	c [mmol 17a/L]	72:75a
R = c-C_6H_{11}	350	<10:1
R = c-C_6H_{11}	200	2 : 1
R = c-C_6H_{11}	75	1 : 1
R = t-C_4H_9	240	2 : 1
R = t-C_4H_9	100	1 : 2
R = t-C_4H_9	50	1 : 4

Thermolyse von **72** *und* **75a** *in Gegenwart von* D_3: Eine Lösung von 53 mg (0.06 mmol) **17a** in 0.4 mL C_6D_6 wurde mit 0.1 mL *tert*-Butylisocyanat für 2 h auf 60 °C erwärmt. **72** und **75a** wurden in einem Verhältnis 1.4 : 1 gebildet. Zu diesem Gemisch wurde ein großer Überschuß D_3 gegeben. Nach Erwärmen auf 60 °C für 16 h hat sich das Verhältnis dieser beiden Komponenten nicht geändert; die Bildung von **73** wurde ^{1}H-NMR-spektroskopisch nicht beobachtet.

1,1-Bis[2-(dimethylaminomethyl)phenyl]silathion (**81**): Eine Lösung von 195 mg (0.21 mmol) **17a** und 80 mL (0.66 mmol) Phenylisothiocyanat in 10 mL Toluol wurde 2 h bei 60 °C gerührt. Nach Abkondensieren aller leicht flüchtigen Komponenten verblieb ein ^{1}H-NMR-spektroskopisch sauberes Öl, das zur weiteren Aufreinigung aus Toluol kristallisiert wurde. 102 mg (49%) **81** wurden als weißes Pulver erhalten (Zersp. 215 °C). – ^{1}H-NMR (C_6D_6): δ = 1.78 (s; 12 H, NMe_2), 3.16 (s; 4 H, CH_2N), 7.06–7.23 (m; 6 H, ar-H), 8.78 (d, ^3J = 7 Hz; 2 H, ar-H). – ^{13}C-NMR (C_6D_6): δ = 45.5 (NMe_2), 64.9 (CH_2N), 126.9 (ar-CH), 127.8 (ar-CH), 128.1 (ar-CH), 137.3 (ar-CH), 138.4 (ar-C_q), 144.5 (ar-C_q). – ^{29}Si-NMR (C_6D_6): δ = –21.0. – MS (FAB, 3-NBA), *m/z* (%): 480 (100) [(M^+ – 1) + 3-NBA], 329 (12) [M^+ + 1]. – $C_{18}H_{24}N_2SSi$ (328.55): ber. C 65.80, H 7.36, N 8.53; gef. C 65.62, H 7.36, N 8.41.

1,1,3,3-Tetrakis[2-(dimethylaminomethyl)phenyl]-1,3-dihydroxydisiloxan (**83a**) und *Bis[2-(dimethylaminomethyl)phenyl]silandiol* (**83b**): Eine Lösung von 105 mg (0.11 mmol) **72** in C_6D_6 wurde in einem offenen Kolben auf 0 °C gekühlt, um Luftfeuchtigkeit auf die Lösung zu kondensieren. Nach 30 min wurde **83a** quantitativ gebildet. Nach weiterem Rühren der Lösung für 4 d wurde **83a** vollständig in **83b** überführt. Kristallisation aus *n*-Pentan ergab 73 mg (67%) **83b** als weiße Kristalle (Schmp. 81–106 °C). – **83b**: ^{1}H-NMR (CDCl$_3$): δ = 2.26 (s; 12 H, NMe$_2$), 3.52 (s; 4 H, CH$_2$N), 7.12–7.20 (m; 2 H, ar-H), 7.23–7.39 (m; 4 H, ar-H), 7.70–7.79 (m; 2 H, ar-H), 9.5 (br. s; 2 H, –OH). – ^{13}C-NMR (CDCl$_3$): δ = 44.2 (NMe$_2$), 65.1 (CH$_2$N), 127.2 (ar-CH), 129.5 (ar-CH), 131.0 (ar-CH), 136.2 (ar-CH), 138.4 (ar-C$_q$), 142.3 (ar-C$_q$). – ^{29}Si-NMR (CDCl$_3$): δ = –27.5. – MS (DCI, NH$_3$), *m/z* (%): 331 [M$^+$ + 1] (100), 313 [M$^+$ – OH] (7), 297 [SiAr$_2$ + H] (1) – C$_{18}$H$_{26}$N$_2$O$_2$Si (330.50): ber. C 65.42, H 7.93, N 8.48; gef. C 65.18, H 8.04, N 8.49.

Thermolyse von Siloxandiol (**83a**) *und Silandiol* (**83b**): 136 mg (0.21 mmol) **83a** wurden i. Vak. (0.05 Torr) für 8 h auf 200 °C erhitzt. Das Rohgemisch wurde in *n*-Hexan aufgenommen, und bei 0 °C kristallisierten 60 mg (45%) **72**. In einem ähnlichen Experiment wurde **83b** für 10 h auf 180 °C i. Vak. erhitzt, und die Bildung von **72** wurde ^{1}H-NMR-spektroskopisch beobachtet. Eine weitere Aufarbeitung fand nicht statt.

Thermolyse von **75a**: 41 mg (0.06 mmol) **75a** wurden 6 h i. Vak. (0.05 Torr) auf 140 °C erhitzt. Die ^{1}H-NMR-spektroskopische Untersuchung des Rückstands zeigte, daß sich **72** mit geringen Verunreinigungen gebildet hat. Kristallisation aus *n*-Hexan ergab 23 mg (56%) **72**.

2.6. Untersuchungen zum nucleophilen Verhalten von 17a

1,1-Bis[2-(dimethylaminomethyl)phenyl]-2,2,2-triethyldisilan (**87**): Eine Lösung von 190 mg (0.21 mmol) **17a** und 0.2 mL Triethylsilan in 5 mL Xylol wurde 8 h bei 120 °C gerührt. Nach Kugelrohrdestillation bei 180 °C/10^{-3} Torr wurden 105 mg (40%) **87** als farbloses Öl erhalten. – IR (Film): $\tilde{v}$ = 2124 (SiH). – ^{1}H-NMR (C$_6$D$_6$): δ = 0.88 (q, ^3J = 7 Hz; 6 H, SiCH$_2$), 1.03 (q, ^3J = 7 Hz; 1.98 (s, 12 H, NMe$_2$), 3.41, 3.49 (AB-System, ^2J = 13 Hz; 4 H, CH$_2$N), 5.40 (s; 1 H, SiH), 7.12–7.20 (m; 4 H, ar-H), 7.39 (d, ^3J = 7 Hz; 2 H, ar-H), 7.77 (dd, ^3J = 7 Hz, ^4J = 1 Hz; 2 H, ar-H). – ^{13}C-NMR (C$_6$D$_6$): δ = 4.8 (SiCH$_2$), 8.5 (CH$_3$), 45.0 (NMe$_2$), 65.0 (CH$_2$N), 126.3 (ar-CH), 129.0 (ar-CH), 129.5 (ar-CH), 136.2 (ar-C$_q$), 137.6 (ar-CH), 145.9 (ar-C$_q$). – ^{29}Si-NMR (C$_6$D$_6$) δ = –7.5 (SiEt$_3$), – 44.0 (d, $^1J_{SiH}$ = 186 Hz; Ar$_2$Si). – MS (EI, 70 eV), *m/z* (%): 411 (2) [M$^+$ – 1], 368 (5) [M$^+$ – NMe$_2$], 297 (100) [Ar$_2$SiH$^+$], 238 (14) [Ar$_2$Si$^+$ – CH$_2$NMe$_2$], 162 (14) [ArSi$^+$], 58 (54) [CH$_2$NMe$_2$].

1,1-Bis[2-(dimethylaminomethyl)phenyl]-2-[4-(ethyloxycarbonyl)phenyl-4'-(methyloxy-carbonyl)phenyl]-1-silacyclopropen (**22k**): Eine Lösung von 51 mg 0.17 (mmol) **21k** und 53 mg (0.06 mmol) **17a** in 0.4 mL C_6D_6 wurde 4 h auf 60 °C erwärmt, und **22k** wurde quantitativ gebildet. Die ^{1}H-NMR-spektroskopischen Daten wurden ohne weitere Aufarbeitung bestimmt. – ^{1}H-NMR (C_6D_6): δ = 1.04 (t, ^3J = 7 Hz; 3 H, CH_3), 1.86 (s; 12 H, NMe_2), 3.27 (s; 4 H, CH_2N), 3.51 (s; 3 H, CO_2Me), 4.14 (q, ^3J = 7 Hz; 2 H, CO_2CH_2), 6.99–7.24 (m; 6 H, ar-H), 7.54, 8.14 (AB-System, ^3J = 8 Hz; 4 H, ar-H), 7.54, 8.17 (AB-System, ^3J = 8 Hz; 4 H, ar-H), 7.89 (d, ^3J = 7 Hz; 2 H, ar-H). – ^{29}Si-NMR (C_6D_6): δ = –107.9.

1,1-Bis[2-(dimethylaminomethyl)phenyl]-2,3-bis(4-methoxyphenyl)-1-silacyclopropen (**22i**): Eine Lösung von 65 mg (0.07 mmol) **17a** und 50 mg (0.21 mmol) **21i** in 0.4 mL C_6D_6 wurde 4 h auf 75 °C erwärmt. **22i** wurde quantitativ gebildet, und die ^{1}H-NMR-spektro-skopischen Daten wurden ohne weitere Aufarbeitung bestimmt. – ^{1}H-NMR (C_6D_6): δ = 1.95 (s; 12 H, NMe_2), 3.33 (s; 6 H, OMe), 3.35 (s; 4 H, CH_2N), 6.84, 7.77 (AB-System, ^3J = 9 Hz; 8 H, ar-H), 7.10–7.22 (m; 6 H, ar-H), 8.07 (d, ^3J = 7 Hz; 2 H, ar-H). – ^{13}C-NMR (C_6D_6): δ = 45.4 (NMe_2), 54.8 (OMe), 64.1 (CH_2N), 114.1 (ar-CH), 126.9 (ar-CH), 127.6 (ar-CH), 129.1 (ar-CH), 130.1 (ar-CH), 131.9 (ar-C_q), 136.6 (ar-CH), 137.9 (ar-C_q), 144.6 (ar-C_q), 159.0 (ar-C_q), 161.1 (C=C). – ^{29}Si-NMR (C_6D_6): δ = –107.0.

Konkurrenzreaktion von 4-(Ethyloxycarbonyl)phenyl-4'-(methyloxycarbonyl)phenylacetylen (**21k**) *und Phenylacetylen* (**21f**) *mit* **17a**: Eine Lösung von 18 mg (0.02 mmol) **17a**, 11 mg (0.06 mmol) Phenylacetylen (**21f**) und 20 mg (0.06 mmol) 4-(Ethyloxycarbonyl)phenyl-4'-(methyloxycarbonyl)phenylacetylen (**21k**) in C_6D_6 wurde für 12 h auf 60 °C erwärmt. ^{1}H-NMR-spektroskopische Untersuchung des Reaktionsgemisches ergab ein Verhältnis **22k** : **22f** von 2 : 1. Wegen Signalüberschneidungen wurde der Fehler des Verhältnisses auf ±0.2 abgeschätzt.

Konkurrenzreaktion von Di-(4-methoxyphenyl)acetylen (**21i**) *und Phenylacetylen* (**21f**) *mit* **17a**: Eine Lösung von 50 mg (0.06 mmol) **17a**, 32 mg (0.18 mmol) Phenylacetylen (**21f**) und 43 mg (0.18 mmol) Di-(4-methoxyphenyl)acetylen (**21i**) in C_6D_6 wurde für 2 h auf 75 °C erwärmt. ^{1}H-NMR-spektroskopische Untersuchung des Reaktionsgemisches ergab ein Verhältnis **22f** : **22i** von 2.5 : 1.

2. 7. Reaktionen von 17h

1,1-Bis[2-(dimethylaminomethyl)-5-methylphenyl]-3,4-dimethyl-1-silacyclopent-3-en (**88**):
Eine Lösung von 98 mg (0.10 mmol) **17h** und 0.2 mL 2,3-Dimethylbuta-1.3-dien in 10 mL
Toluol wurde 3 d bei 40 °C gerührt. Nach Abtrennen des Lösungsmittels und des verbliebenen
Diens wurden 47 mg (40%) **88** durch Kugelrohrdestillation bei 180 °C/10^{-3} Torr als klebriger,
weißer Schaum erhalten, der nach einiger Zeit aushärtete. – ^{1}H-NMR (CDCl$_3$): δ = 1.72 (s;
6 H, CH$_3$), 1.82 (s; 16 H, NMe$_2$, 2,5-CH$_2$), 2.32 (s; 6 H, ar-CH$_3$), 3.10 (s; 4 H, CH$_2$N),
7.06–7.17 (m; 4 H, ar-H), 7.47 (s; 2 H, ar-H). – ^{13}C-NMR (CDCl$_3$): δ = 19.2 (CH$_3$), 21.2
(ar-CH$_3$), 25.6 (CH$_2$), 45.0 (NMe$_2$), 64.2 (CH$_2$N), 127.3 (ar-CH), 128.4 (ar-CH), 130.4
(C$_q$), 135.0 (C$_q$), 136.3 (C$_q$), 136.5 (ar-CH), 142.3 (ar-C$_q$). – ^{29}Si-NMR (C$_6$D$_6$): δ = –2.3. –
MS (EI, 70 eV) *m/z* (%): 406 (25) [M$^+$], 325 (5) [Ar$_2$^{2}Si$^+$ + H], 309 (100) [Ar$_2$^{2}Si$^+$ – Me],
258 (46) [M$^+$ – Ar^2]. – C$_{24}$H$_{34}$N$_2$Si (378.63): ber. C 76.79, H 9.42, N 6.89; gef. C 76.54,
H 9.32, N 6.98.

Konkurrenzreaktion von **17a** *und* **17h** *mit 2,3-Dimethyl-1,3-butadien*: Eine Lösung von 59 mg
(0.07 mmol) **17a**, 68 mg (0.07 mmol) **17h** und 0.02 mL (0.20 mmol) 2,3-Dimethyl-1,3-
butadien in 0.4 mL C$_6$D$_6$ wurde 105 min auf 75 °C erwärmt. ^{1}H-NMR-spektroskopische
Untersuchung des Reaktionsgemisches zeigte, daß sich nach Verbrauch allen Butadiens aus-
schließlich **42** gebildet hat. Die verbliebenen Signale waren nur noch dem unverbrauchten **17h**
zuzuordnen. Spuren von **88** wurden nicht gefunden.

*4,5-Benzo-1,1-bis[2-(dimethylaminomethyl)-5-methylphenyl]-2,3-diphenyl-2-aza-1-silacyclo-
pent-4-en* (**89**): Eine Lösung von 35 mg (0.04 mmol) **17h** und 0.03 mg (0.12 mmol)
Benzophenonanil in 0.4 mL C$_6$D$_6$ wurde 2 d auf 60 °C erwärmt. Nach Entfernen des
Lösungsmittels i. Vak. wurde aus *n*-Hexan kristallisiert. Es wurden 20 mg (31%) **89** als
weißer Feststoff erhalten. – ^{1}H-NMR (C$_6$D$_6$): δ = 1.68 (s; 6 H, NMe$_2$), 2.00 (s; 3 H, ar-
CH$_3$), 2.05 (s; 3H, ar-CH$_3$), 2.14 (s; 6 H, NMe$_2$), 2.80, 3.46 (AB-System, ^2J = 13 Hz; 2 H,
CH$_2$N), 3.50, 4.01 (AB-System, ^2J = 14 Hz; 2 H, CH$_2$N), 6.11 (s; 1 H, 3-H), 6.57 (dd,
^3J = 7 Hz, ^3J = 7 Hz; 1 H, ar-H), 6.94 (m; 11 H, ar-H), 7.31 (d, ^3J = 8 Hz; 2 H, ar-H),
7.53 (s; 2 H, ar-H), 7.86 (s; 2 H, ar-H), 7.98–8.00 (m; 1 H. ar-H), 8.30 (br. s; 1 H, ar-H). –
MS (EI, 70 eV) *m/z* (%): 581 (27) [M$^+$], 537 (16) [M$^+$ – CH$_2$NMe$_2$], 521 (65) [M$^+$ –
CH$_2$NMe$_2$ – 2H], 478 (100) [M$^+$ – CH$_2$NMe$_2$ – NMe$_2$ – 2H], 433 (90) [M$^+$ – Ar^2].

Reaktion von **17a** *mit* **17h**: Eine Lösung von 100 mg (0.11 mmol) **17a** und 100 mg (0.10
mmol) **17h** in 0.4 mL C$_6$D$_6$ wurde 3.5 d auf 60 °C erwärmt. Das Reaktionsgemisch wurde
^{1}H- und ^{29}Si-NMR-spektroskopisch untersucht. – ^{1}H-NMR: (C$_6$D$_6$, die Verhältnisse der

Protonen sowie die Kopplungskonstanten wurden nicht bestimmt): δ = 1.76 (s; ar-H), 1.80 (s; ar-CH$_3$), 1.82 (s; ar-CH$_3$), 2.10 (s; NMe$_2$), 2.13 (s; NMe$_2$), 3.10, 4.10 (2 x br. AB-System, CH$_2$N), 6.72 (dd; ar-H), 6.93–7.30 (m; ar-H), 7.387.53 (m; ar-H), 7.62 (dd; ar-H), 7.79 (d oder 2 s; ar-H). – ^{29}Si-NMR (C$_6$D$_6$): δ = –64.7 (Si-**17a**), –64.8, –65.1, –65.7, –65.8, –66.0 (Si-**17h**).

D. Zusammenfassung

In der vorliegenden Arbeit wurde die Thermolyse des Cyclotrisilans **17a** in Gegenwart verschiedener Reagentien mit Mehrfachbindungen untersucht. Dabei wurde gezeigt, daß **17a** im Gegensatz zu allen bislang untersuchten Cyclotrisilanen unter milden Bedingungen *alle* drei Silandiyluntereinheiten Ar$_2$Si überträgt. Es wurde nachgewiesen, daß in diesen Reaktionen tatsächlich das nucleophile, basenstabilisierte Silandiyl **20a** als reaktive Zwischenstufe auftritt. Ferner wurde bei den Reaktionen von **17a** mit Mehrfachbindungen herausgearbeitet, daß unter den ausgesprochen milden Reaktionsbedingungen, unter denen das Silandiyl **20a** aus **17a** freigesetzt wird, sehr empfindliche Produkte isoliert werden können. Besonders beachtenswert ist dabei die Beobachtung, daß der Großteil der beobachteten Umsetzungen *quantitativ* verlief, so daß eine weitere Isolierung aus der Reaktionslösung, die bei derartig empfindlichen Produkten oft unmöglich ist, überflüssig wurde. Der Thermolyse von **17a** und damit dem Transfer des Silandiyls **20a** wird dadurch eine besondere synthetische Effizienz verliehen.

Bei der Reaktion von **17a** mit Alkinen entstanden in quantitativer Reaktion die Silacyclopropene **22a–f**; dabei wurden erstmals Silacyclopropene isoliert, die an der Vinylposition ein Proton tragen. In die Si–C-Bindung der hochgespannten Silacyclopropene **22a–d** ließ sich unter quantitativer Bildung der 1,2-Disilacyclobutene **30a–d** ein weiteres Silandiyl **20a** durch Reaktion mit **17a** insertieren. An **30c** wurde dabei erstmals eine Strukturuntersuchung im Festkörper eines 1,2-Disilacyclobutens durchgeführt.

Mit terminalen Alkenen wurde **17a** zu den entsprechenden Silacyclopropanen **32a–c** ohne Bildung von Nebenprodukten umgesetzt. Mit Styrol reagierte **17a** zu dem Silaindan **41**, wobei das Silacyclopropan **32d** NMR-spektroskopisch als Zwischenprodukt nachgewiesen wurde. Gegenüber internen Alkenen wurde eine Reaktion mit **17a** nur dann beobachtet, wenn die Doppelbindung in ein gespanntes Molekül integriert war. So wurden in glatter Reaktion die Silacyclopropane **35**, **37** und **39** dargestellt. Mit konjugierten Alkenen reagierte **17a** zu den formalen [4+1]-Cycloadditionsprodukten des Silandiyls **20a** (wie z. B. **43**).

Bei der Reaktion von **17a** mit Nitrilen konnten keine Azasilacyclopropene isoliert werden; stattdessen entstanden Folgeprodukte einer weiteren Silandiyladdition, **47** und **49**, oder das Umlagerungsprodukt **50**.

Während **17a** mit Fluorenon nicht zu einem stabilen Siloxiran zu reagieren vermochte, wurde bei der Reaktion mit Adamantanon quantitativ das Siloxiran **62** gebildet. Imine wurden durch die Reaktion mit **17a** in die Umlagerungsprodukte **63** und **66** der primär gebildeteten Azasilacyclopropane überführt. 1,4-Diaza-1,3-butadiene reagierten mit **17a** formal wie 1,3-Butadiene zu den Diazasilacyclopentenen **68**.

Isocyanate und Phenylisothiocyanat übertragen in der Reaktion mit **17a** das Chalcogenatom auf das Silandiyl **20a**. Das Silathion **81** wurde isoliert, wohingegen das Silanon **74** in Abhängigkeit von der Absolutkonzentration zu den cyclischen Siloxanen **72** und **75a** oligomerisierte.

Durch den Nachweis eines Gleichgewichtes zwischen dem Cyclotrisilan **17a** und den Silacyclopropanen **32a** und **32b** konnte eindeutig gezeigt werden, daß bei der Thermolyse von **17a** das freie Silandiyl **20a** das reaktive Intermediat ist. Dieser Befund wurde zusätzlich untermauert durch eine Austauschreaktion der Silandiyle mit einem strukturell ähnlichen Cyclotrisilan. Durch Konkurrenzreaktionen mit Alkinen unterschiedlicher Elektrophilie wurde nachgewiesen, daß das Silandiyl **20a** tendenziell nucleophile Eigenschaften aufweist. Da dieses Verhalten nur mit einer Koordination der Aminogruppen des Arylsubstituenten zu erklären ist, ist damit der Nachweis gelungen, daß das Silandiyl eine intramolekulare Basenstabilisierung erfährt. Diese Stabilisierung dürfte auch der Grund für die ungewöhnliche Reaktivität des Cyclotrisilans **17a** sein.

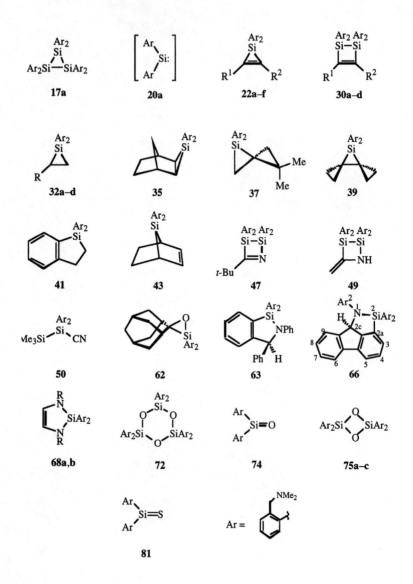

22a: R^1 = n-Pr, R^2 = H; **22b**: R^1 = SiMe$_3$, R^2 = H; **22c**: R^1–R^2 = –(CH$_2$)$_6$–; **22d**: R^1 = R^2 = SiMe$_3$, **22e**: R^1 = Ph, R^2 = Me, **22f**: R^1 = R^2 = Ph; **30a**: R^1 = n-Pr, R^2 = H; **30b** R^1 = SiMe$_3$, R^2 = H; **30c**: R^1–R^2 = –(CH$_2$)$_6$–; **30d**: R^1 = Ph, R^2 = H; **32a**: R = n-Pr **32b**: R = n-Bu; **32c**: R = SiMe$_3$; **32d**: R = Ph, **68a**: R = t-Bu, **68b**: R = c-Hexyl

E. Literatur und Anmerkungen

[1]   Saragossasäuren: [1a] K. C. Nicolaou, E. W. Yue, Y. Naniwa, F. De Riccardis, A. Nadin, J. E. Leresche, S. LaGreca, Z. Yang, *Angew. Chem.* **1994**, *106*, 2306–2309; *Angew. Chem. Int. Ed. Engl.* **1994**, *33*, 2184 und dort zitierte Literatur. – FK-506: [1b] H. Tanaka, A. Kuroda, H. Marusawa, H. Hatanaka, T. Kino, T. Goto, M. Hashimoto, *J. Am. Chem. Soc.* **1987**, 5031–5033. – [1c] T. K. Jones, S. G. Mills, R. A. Reamer, D. Askin, R. Desmond, R. P. Volante, I. Shinkai, *J. Am. Chem. Soc.* **1989**, *111*, 1157–1159. – Conocurvon: [1d] H. Laatsch, *Angew. Chem.* **1994**, *106*, 438–440; *Angew. Chem. Int. Ed. Engl.* **1994**, *33*, 422. – Taxol: [1e] D. Guérritte-Voegelein, P. Poitier, *Acc. Chem. Res.* **1993**, *26*, 160. – [1f] R. A. Holton, C. Somoza, H.-B. Kim, F. Liang, R. J. Biediger, P. D. Boatman, M. Shindo, C. C. Smith, S. Kim, H. Nadizadeh, Y. Suzuki, C. Tao, P. Vu, S. Tang, P. Zhang, K. K. Murthi, L. N. Gentile, J. H. Liu, *J. Am. Chem. Soc.* **1994**, *116*, 1597–1598.

[2]   [2a] F. Vögtle, *Supramolekulare Chemie*, Teubner, Stuttgart, **1992**. – [2b] J.-M. Lehn, *Angew. Chem.* **1988**, *100*, 92–116; *Angew. Chem. Int. Ed. Engl.* **1988**, *27*, 89 und dort zitierte Literatur. – [2c] D. Philp, J. F. Stoddart, *Synlett* **1991**, 445–458 und dort zitierte Literatur. – [2d] V. Böhmer, *Angew. Chem.* **1995**, *107*, 785–818; *Angew. Chem. Int. Ed. Engl.* **1995**, *34*, 713. – [2e] V. Balzani, F. Scandola, *Supramolecular Photochemistry*, Horwood, Chichester, **1991**.

[3]   G. Maier, H. G. Hartan, T. Sayrac, *Angew. Chem.* **1976**, *88*, 252–253, *Angew. Chem. Int. Ed. Engl.* **1976**, *15*, 226.

[4]   [4a] P. E. Eaton, *Angew. Chem.* **1992**, *104*, 1447–1462; *Angew. Chem. Int. Ed. Engl.* **1992**, *31*, 1421 und dort zitierte Literatur. – [4b] G. W. Griffin, A. P. Marchand, *Chem. Rev.* **1989**, *89*, 997–1010 und dort zitierte Literatur.

[5]   K. B. Wiberg, *Chem. Rev.* **1989**, *89*, 975–983 und dort zitierte Literatur.

[6]   [6a] G. Maier, S. Pfriem, U. Schäfer, R. Matusch, *Angew. Chem.* **1978**, *90*, 552–553; *Angew. Chem. Int. Ed. Engl.* **1978**, *17*, 520. – [6b] S. Masamune, N. Nakamura, M. Suda, H. Oda, *J. Am. Chem. Soc.* **1973**, *95*, 8481–8483.

[7]   [7a] L. A. Paquette, *Chem. Rev.* **1989**, *89*, 1051–1065 und dort zitierte Literatur. – [7b] H. Prinzbach, K. Weber, *Angew. Chem.* **1994**, *106*, 2329–2348; *Angew. Chem. Int. Ed. Engl.* **1994**, *33*, 2239 und dort zitierte Literatur.

[8]   [8a] M. J. Fink in *Frontiers of Organosilicon Chemistry*, (Hrsg.: A. R. Bassindale, P. P. Gaspar), Royal Society of Chemistry, Cambridge, **1991**, S. 285–294. – [8b] P. P.Gaspar, K. L. Bobbitt, M. E. Lee, V. M. Maloney, D. H. Pae and M. Xiao

in *Frontiers of Organosilicon Chemistry*, (Hrsg.: A. R. Bassindale, P. P. Gaspar), Royal Society of Chemistry, Cambridge, **1991**, S. 100–111. – [8c] W. Ando, Y. Kabe in *Frontiers of Organosilicon Chemistry*, (Hrsg.: A. R. Bassindale, P. P. Gaspar), Royal Society of Chemistry, Cambridge, **1991**, S. 171–181.

[9]   [9a] A. Sekiguchi, H. Sakurai, *Adv. Organomet. Chem.* **1995**, *37*, 1–38 und dort zitierte Literatur. – [9b] T. Tsumuraya, S. A. Batcheller, S. Masamune, *Angew. Chem.* **1991**, *103*, 916–944; *Angew. Chem. Int. Ed. Engl.* **1991**, *30*, 902 und dort zitierte Literatur.

[10]   [10a] W. Kutzelnigg, *Angew. Chem.* **1984**, *96*, 262–286; *Angew. Chem. Int. Ed. Engl.* **1984**, *23*, 272. – [10b] J. Goubeau, *Angew. Chem.* **1986**, *98*, 944–944; *Angew. Chem. Int. Ed. Engl.* **1986**, *25*, 1038.

[11]   R. West, *Angew. Chem.* **1987**, *99*, 1231–1241; *Angew. Chem. Int. Ed. Engl.* **1987**, *26*, 1201 und dort zitierte Literatur.

[12]   G. A. Miracle, J. I. Ball, D. R. Powell, R. West, *J. Am. Chem. Soc.* **1993**, *115*, 11598–11599.

[13]   [13a] A. G. Brook, F. Abesaken, B. Gutekunst, G. Gutekunst, R. K. Kallury, *J. Chem. Soc., Chem. Commun.* **1981**, 191–192. – [13b] N. Wiberg, G. Wagner, G. Müller, *Angew. Chem.* **1985**, *97*, 220–226; *Angew. Chem. Int. Ed. Engl.* **1985**, *24*, 229.

[14]   [14a] N. Wiberg, K. Schurz, G. Fischer, *Angew. Chem.* **1985**, *97*, 1058–1059; *Angew. Chem. Int. Ed. Engl.* **1985**, *24*, 1053. – [14b] M. Hesse, U. Klingebiel, *Angew. Chem.* **1986**, *98*, 638–639; *Angew. Chem. Int. Ed. Engl.* **1986**, *25*, 649.

[15]   H. Suzuki, N. Tokitoh, S. Nagase. R. Okazaki, *J. Am. Chem. Soc.* **1994**, *116*, 11578–11579.

[16]   [16a] C. N. Smit, F. Bickelhaupt, *Organometallics* **1987**, *6*, 1156–1163. – [16b] M. Drieß, *Angew. Chem.* **1991**, *103*, 979–981; *Angew. Chem. Int. Ed. Engl.* **1991**, *30*, 1022.

[17]   M. Drieß, H. Pritzkow, *Angew. Chem.* **1992**, *104*, 350–353; *Angew. Chem. Int. Ed. Engl.* **1992**, *31*, 316.

[18]   H. Matsumono, K. Higuchi, Y. Hoshino, H. Koike, Y. Naoi, *J. Chem. Soc., Chem. Commun.*, **1988**, 1083–1084.

[19]   N. Wiberg, C. M. M. Finger, K. Polborn, *Angew. Chem.* **1993**, *105*, 1140–1142; *Angew. Chem. Int. Ed. Engl.* **1993**, *31*, 1054.

[20]   [20a] H. Watanabe, T. Muraoka, M. Kageyama, K. Yoshzumi, Y. Nagai, *Organometallics* **1984**, *3*, 141–147. – [20b] Zur Quantifizierung sterischer Effekte siehe: D. White, N. J. Coville, *Adv. Organomet. Chem.* **1994**, *36*, 95–158.

[21]   Zum theoretischen Vergleich gesättigter Silicium- und Kohlenstoffverbindungen siehe: B. T. Luke, J. A. Pople, M.-B. Krogh-Jespersen, Y. Apeloig, J. Chandrasekhar, P. v. Ragué-Schleyer, *J. Am. Chem. Soc.* **1986**, *108*, 260–269.

[22]   [22a] Y. Apeloig in *The Chemistry of Organic Silicon Compounds*, (Hrsg.: S. Patai, Z. Rappoport), Wiley, Chichester, **1989**, Band 1, S. 59–226 und dort zitierte Literatur. – [22b] R. Janoschek, *Chem. Unserer Zeit* **1988**, *22*, 128–138.

[23]   H. Bock, *Angew. Chem.* **1989**, *101*, 1659–1682; *Angew. Chem. Int. Ed. Engl.* **1989**, *28*, 1627 und dort zitierte Literatur.

[24]   Zum theoretischen Vergleich ungesättigter und niedervalenter Silicium- und Kohlenstoffverbindungen siehe: B. T. Luke, J. A. Pople, M.-B. Krogh-Jespersen, Y. Apeloig, M. Karni, J. Chandrasekhar, P. v. Ragué-Schleyer, *J. Am. Chem. Soc.* **1986**, *108*, 270–284.

[25]   Die formale Koordinatioszahl 10 liegt bei dem divalenten Decamethylsilicocen vor: P. Jutzi in *Frontiers of Organosilicon Chemistry*, (Hrsg.: A. R. Bassindale, P. P. Gaspar), Royal Society of Chemistry, Cambridge, **1991**, S. 305–318.

[26]   R. Janoschek, *Naturwiss. Rundsch.* **1984**, *37*, 486.

[27]   Siehe beispielsweise: [27a] S. Bommers, H. Beruda, N. Dufour, M. Paul, A. Schier, H. Schmidbaur, *Chem. Ber.* **1994**, *128*, 137–142 und dort zitierte Literatur. – [27b] C. Schade, P. v. Ragué-Schleyer, H. Dietrich, W. Mahdi, *J. Am. Chem. Soc.* **1986**, *108*, 2484–2485.

[28]   R. J. P. Corriu, J. C. Young in *The Chemistry of Organic Silicon Compounds*, (Hrsg.: S. Patai, Z. Rappoport), Wiley, New York, **1989**, S. 1241–1288 und dort zitierte Literatur.

[29]   C. Chuit, R. J. P. Corriu, C. Reye, J. C. Young, *Chem. Rev.* **1993**, *93*, 1371–1448 und dort zitierte Literatur.

[30]   Der nicht einheitlich benutzte Begriff der Valenz wird hier verwendet als die Anzahl der Valenzelektronen des Siliciums, die es zur Bindungsbildung heranzieht. Silene, Disilene und Silaimine sind in diesem Sinne keine niedervalenten Verbindungen, obwohl sie in der Literatur häufig so bezeichnet werden.

[31]   N. Wiberg, K.-S. Joo, K. Polborn, *Chem. Ber.* **1993**, *126*, 67–69.

[32]   R. Corriu, G. Lanneau, C. Priou, *Angew. Chem.* **1991** *103*, 1153–1155; *Angew. Chem. Int. Ed. Engl.* **1991** *30*, 1130.

[33]   C. Zybill, H. Handwerker, H. Friedrich, *Adv. Organomet. Chem.* **1994**, *36*, 229–281 und dort zitierte Literatur.

[34]   [34a] J. T. B. H. Jastrzebski, J. Boersma, G. van Koten, *J. Organomet. Chem.* **1991**, *413*, 43–53. – [34b] E. Wehmann, J. T. B. H. Jastrzebski, J.-M. Ernsting, D. M.

Grove, G. van Koten, *J. Organomet. Chem.* **1988**, *353*, 145–155. – [34c] D. M. Grove, G. van Koten, J. N. Louwen, J. G. Noltes, A. L. Spek, H. J. C. Ubbels, *J. Am. Chem. Soc.* **1982**, *104*, 6609–6616. – [34d] J. T. B. H. Jastrzebski, G. van Koten, *Adv. Organomet. Chem.* **1994**, *35*, 242–294 und dort zitierte Literatur.

[35]   Nach den Regeln der IUPAC sollten Carben-Homologe die Endung -diyl tragen. In der chemischen Literatur wird allerdings häufig die vom Methylen abgeleitete Bezeichnung Silylen verwendet.

[36]   [36a] G. Levin, P. K. Das, C. Bilgrien, C. L. Lee, *Organometallics* **1989**, *8*, 1206–1211. – [36b] G. R. Gillette, G. H. Noren, R. West, *Organometallics* **1987**, *6*, 2617–2618. – [36c] K. P. Steele, W. P. Weber, *J. Am. Chem. Soc.* **1980**, *102*, 6095–6097.

[37]   [37a] W. Ando, A. Sekiguchi, K. Hagiwara, A. Sakakibara, H. Yoshida, *Organometallics* **1988**, *7*, 558–559. – [37b] D. Seyferth, T. F. O. Lim, *J. Am. Chem. Soc.* **1978**, *100*, 7074–7075.

[38]   [38a] P. P. Gaspar in *Reactive Intermediates*, (Hrsg.: M. Jones, Jr., R. A. Moss), Wiley, New York, **1985**; *Vol. 3*, S. 333–427 und dort zitierte Literatur. – [38b] M. J. Almond, *Short-Lived Molecules*, Ellis Horwood Ltd., Chichester, **1990**, S. 93–120 und dort zitierte Literatur.

[39]   M. Denk, R. Lennon, R. Hayashi, R. West, A. V. Belyakov, H. P. Verne, A. Haaland, M. Wagner, N. Metzler, *J. Am. Chem. Soc.* **1994**, *116*, 2691–2692.

[40]   W. W. Schöller in *Houben-Weyl, Methoden der Organischen Chemie E19b*, (Hrsg.: M. Regitz), Thieme, Stuttgart, **1989** und dort zitierte Literatur.

[41]   [41a] D. H. Pae, M. Xiao, M. Y. Chiang, P. P. Gaspar, *J. Am. Chem. Soc.* **1991**, *113*, 1281–1288. – [41b] M. E. Colvin, J. Breulet, H. F. Schaefer, III, *Tetrahedron* **1985**, *41*, 1429–1434.

[42]   Zu Übersichten über Silandiyle und Carbene siehe: [42a] P.P. Gaspar in *Reactive Intermediates*, (Hrsg.: M. Jones, Jr., R. A. Moss), Wiley, New York, **1985**, *Vol. 3*, S. 333–427 und dort zitierte Literatur. – [42b] R. A. Moss, M. Jones, Jr. in *Reactive Intermediates* (Hrsg.: M. Jones, Jr., R. A. Moss), Wiley, New York, **1985**, *Vol. 3*, 45–108 und dort zitierte Literatur.

[43]   J. Belzner, *J. Organomet. Chem.* **1992**, *430*, C51–55.

[44]   M. Weidenbruch in *Frontiers of Organosilicon Chemistry*, (Hrsg.: A. R. Bassindale, P. P. Gaspar), Royal Society of Chemistry, Cambridge, **1991**, S. 123–133 und dort zitierte Literatur.

[45]   E. A. Williams in *The Chemistry of Organic Silicon Compounds*, (Hrsg.: S. Patai, Z. Rappoport), John Wiley and Sons, Inc., New York, **1989**, S. 511–554 und dort zitierte Literatur.

94

[46] [46a] S. Nagase, M. Nakano, T. Kudo, *J. Chem. Soc., Chem. Commun.* **1987**, 60–62. – [46b] W. W. Schoeller, T. Dabisch, *Inorg. Chem.* **1987**, *26*, 1081–1086. – [46c] M. S. Gordon, D. Bartol, *J. Am. Chem. Soc.* **1987**, *109*, 5948–5950 – [46d] R. S. Grev, H. F. Schaefer, III, *J. Am. Chem. Soc.*, **1987**, *109*, 6569–6577.

[47] G. R. Gillette, G. Noren, R. West, *Organometallics* **1990**, *9*, 2925–2933.

[48] [48a] D. H. Pae, M. Xiao, M. Y. Chiang, P. P. Gaspar, *J. Am. Chem. Soc.* **1991**, *113*, 1281–1288. – [48b] P. Boudjouk, U. Samaraweera, R. Sooriyakumaran, J. Chrisciel, K. R. Anderson, *Angew. Chem.* **1988**, *100*, 1406–1407; *Angew. Chem. Int. Ed. Engl.* **1988**, *27*, 1355. – [48c] D. Seyferth, D. C. Annarelli, S. C. Vick, *J. Organomet. Chem.* **1984**, *272*, 123–139. – [48d] A. Krebs, J. Berndt, *Tetrahedron Lett.* **1983**, 4083–4086. – [48e] T. J. Barton in *Comprehensive Organometallic Chemistry*, (Hrsg.: G. Wilkinson, F. G. Stone, E. W. Abel), Pergamon Press, Oxford, **1982**, S. 206–301. – [48f] R. T. Conlin, P. P. Gaspar, *J. Am. Chem. Soc.* **1976**, *98*, 3715–3716.

[49] [49a] M. Ishikawa, M. Kumada, *Adv. Organomet. Chem.* **1981**, *19*, 51–95 und dort zitierte Literatur. – [49b] H. Sakurai, Y. Kamiyama, Y. Nakadaira, *J. Am. Chem. Soc.* **1977**, *99*, 3879–3880.

[50] T. J. Barton, J. Kilgour, *J. Am. Chem. Soc.* **1976**, *98*, 7746–7751 und dort zitierte Literatur.

[51] M. Trommer, W. Sander, C. Marquard, *Angew. Chem.* **1994**, *106*, 816–818; *Angew. Chem. Int. Ed. Engl.* **1994**, *33*, 766.

[52] L. R. Sita, I. Konoshita, S. P. Lee, *Organometallics* **1990**, *9*, 1644–1650.

[53] J. Ohshita, M. Ishikawa, *J. Organomet. Chem.* **1992**, *407*, 157–165.

[54] Y. Apeloig, T. Müller, persönliche Mitteilung.

[55] J.-C. Barthelat, G. Trinquier, G. Bertrand, *J. Am. Chem. Soc.* **1979**, *101*, 3785–3789.

[56] H.-O. Kalinowski, S. Berger, S. Braun, *13C-NMR-Spektroskopie*, Thieme Verlag, Stuttgart, **1984**, S. 451 und dort zitierte Literatur.

[57] R. Breslow, J. T. Groves, G. Ryan, *J. Am. Chem. Soc.* **1967**, *89*, 5048–5048.

[58] G. Fronzoni, V. Galasso, *J. Magn. Reson.* **1987**, *71*, 229–236.

[59] Zur Korrelation von Hybridisierung und Kopplungskonstante siehe: H. Günther, *NMR-Spektroskopie*, 3. Auflage, Thieme, Stuttgart, **1992**, S. 451–452.

[60] Zur chemischen Bindung im Cyclopropanring siehe: A. de Meijere, *Angew. Chem.* **1979**, *91*, 867–884; *Angew. Chem. Int. Ed. Engl.* **1979**, *18*, 809 und dort zitierte Literatur.

[61] Johannes Belzner, Habilitationsarbeit, Göttingen, **1995**.

95

[62]   D. Seyferth, S. C. Vick, M. L. Shannon, *Organometallics* **1984**, *3*, 1897–1905.

[63]   M. Ishikawa, H. Sugisawa, M. Kumada, T. Higuchi, K. Matsui, K. Hirotsu, *Organometallics* **1982**, *1*, 1473–1477.

[64]   J. Dubac, A. Laporterie, G. Manuel, *Chem. Rev.* **1990**, *90*, 215–263.

[65]   D. Seyferth, M. Shannon, S. C. Vick, T. F. O. Lim, *Organometallics* **1985**, *4*, 57–62 und dort zitierte Literatur.

[66]   [66a] M. Ishikawa, H. Sugisawa, M. Kumada, T. Higuchi, K. Matsui, K. Hirotsu, *Organometallics* **1982**, *1*, 1473–1477. – [66b] M. Ishikawa, S. Matsuzawa, T. Higuchi, S. Kamitori, K. Hirotsu, *Organometallics* **1985**, *4*, 2040–2046 und dort zitierte Literatur.

[67]   A. Schäfer, M. Weidenbruch, *J. Organomet. Chem.* **1985**, *282*, 305–313.

[68]   M. Ishikawa, J. Ohshita, Y. Ito, J. Iyoda, *J. Am. Chem. Soc.* **1986**, *108*, 7417–7419.

[69]   D. J. DeYoung, M. J. Fink, R. West, J. Michl, *Main Group Metal Chem.* **1987**, *1*, 19–43.

[70]   H. Sakurai, T. Kobayashi, Y. Nakadaira, *J. Organomet. Chem.* **1978**, *162*, C43–47.

[71]   W. A. Atwell. J. G. Uhlmann, *J. Organomet. Chem.* **1973**, *52*, C21–23.

[72]   T. Akasaka, K. Sato, M. Kako, W. Ando, *Tetrahedron* **1992**, *48*, 3283–3292 und dort zitierte Literatur.

[73]   [73a] M. Weidenbruch, A. Schäfer, H. Kilian, S. Pohl, W. Saak, H. Marsmann, *Chem. Ber.* **1992**, *125*, 563–566. – [73b] O.-M. Nefedov, S. P. Kolesnikov, M. P. Egorov, A. Krebs and T. Struchkov in *Strain and Its Implications in Organic Chemistry*, (Hrsg.: A. de Meijere, S. Blechert), Kluwer Academic Publishers, Dordrecht (Holland), **1989**, S. 409–502. – [73c] A. Krebs, A. Jacobsen-Bauer, E. Haupt, M. Veith, V. Huch, *Angew. Chem.* **1989**, *101*, 640–642, *Angew. Chem. Int. Ed. Engl.* **1989**, *28*, 603.

[74]   E. Lukevics, O. Pudova, R. Sturkovich, *Molecular Structure of Organosilicon Compounds*, Ellis Horwood, Chichester, **1989**.

[75]   E. Goldish, K. Hedberg, V. Shoemaker, *J. Am. Chem. Soc.* **1956**, *78*, 2714–2716.

[76]   W. T. Borden, *Chem. Rev,* **1989**, *89*, 1095–1109.

[77]   P. S. Skell, E. J. Goldstein, *J. Am. Chem. Soc.* **1964**, *86*, 1442–1442.

[78]   R. L. Lambert, Jr., D. Seyferth, *J. Am. Chem. Soc.* **1972**, *94*, 9246–9248.

[79]   [79a] P. Boudjouk, E. Black, R. Kumarathasan, *Organometallics* **1991**, *10*, 2095–2096. – [79b] P. Boudjouk, U. Samaraweera, R. Sooriyakumaran, J. Chrisciel, K. R. Anderson, *Angew. Chem.* **1988**, *100*, 1406–1407; *Angew. Chem. Int. Ed. Engl.* **1988**, *27*, 1355.

[80]   [80a] M. Ishikawa, K.-I. Nakagawa, M. Kumada, *J. Organomet. Chem.* **1979**, *178*, 105–118. – [80b] V. J. Tortorelli, M. Jones, Jr., *J. Am. Chem. Soc.* **1980**, *102*, 1425–

96

1426. – [80c] D. Seyferth, D. C. Annarelli, D. P. Duncan, *Organometallics* **1982**, *1*, 1288–1294. – [80d] V. J. Tortorelli, M. Jones, Jr., S.-H. Wu, Z.-H. Li, *Organometallics* **1983**, *2*, 759–746. – [80e] W. Ando, M. Fujita, H. Yoshida, A. Sekiguchi, *J. Am. Chem. Soc.* **1988**, *110*, 3310–3311. – [80f] D. H. Pae, Xiao, M. Y. Chiang, P. P. Gaspar, *J. Am. Chem. Soc.* **1991**, *113*, 1281–1288.

[81]   [81a] S. Masamune, L. R. Sita, *J. Am. Chem. Soc.* **1985**, *107*, 6390–6391. – [81b] M. Weidenbruch, A. Schäfer, H. Kilian, S. Pohl, W. Saak, H. Marsmann, *Chem. Ber.* **1992**, *125*, 563–566.

[82]   D. Seyferth, D. C. Annarelli, S. C. Vick, D. P. Duncan, *J. Organomet. Chem.* **1980**, *201*, 179–195.

[83]   R. West, M. J. Fink, J. Michl, *Science (Washington)* **1981**, *214*, 1343–1344.

[84]   N. Tokitoh, H. Suzuki, R. Okazaki, K. Ogawa, *J. Am. Chem. Soc.* **1993**, *115*, 10428–10429.

[85]   Y. Apeloig in *Heteroatom Chemistry*, (Hrsg.: E. Block), VCH, New York, **1990**, 27–46.

[86]   R. T. Conlin, D. Laakso, P. Marshall, *Organometallics* **1994**, *13*, 838–842.

[87]   Zum Einfluß eines Arylsubstituenten in *syn*-9-Position auf die Methylenbrücke eines Tricyclo[3.2.1.0^{2,4}]octans siehe: J. W. Wilt, T. P. Malloy, P. K. Mookerjee, D. R. Sullivan, *J. Org. Chem.* **1974**, *39*, 1327–1336.

[88]   Siehe beispielsweise: [88a] P. J. Kropp, N. J. Pienta, J. A. Sawyer, R. P. Polniaszek, *Tetrahedron* **1981**, *37*, 3229–3236. – [88b] C. W. Jefford, S. Mahajan, J. Waslyn, B. Waegell, *J. Am . Chem. Soc.* **1965**, *87* , 2183–2190. – [88c] R. R. Sauers, P. E. Sonnet, *Tetrahedron* **1965**, *20*, 1029–1035. – [88d] H. E. Simmons, R. D. Smith, *J. Am. Chem. Soc.* **1959**, *81*, 4256–4364. – [88e] W. R. Moore, W. R. Moser, J. E. LaPrade, *J. Org. Chem.* **1963**, *28*, 2200–2205.

[89]   Ein derartiger Spannungsunterschied äußert sich auch in einer Differenz der ^{29}Si-NMR-Verschiebungen. Siehe z. B.: M. Weidenbruch, E. Kroke, H. Marsmann, S. Pohl, W. Saak, *J. Chem. Soc., Chem. Comm.* **1994**, 1233–1234.

[90]   Siehe beispielsweise: [90a] L. Fitjer, J. M. Conia, *Angew. Chem.* **1973**, *85*, 349; *Angew. Chem. Int. Ed. Engl.* **1973**, *12*, 334. – [90b] K. A. Lukin, T. S. Kuznetsova, S. I. Kozhushkov, V. A. Piven, N. S. Zefirov, *Zh. Org. Khim.* **1988**, *24*, 1644–1648; *J. Organ. Chem. USSR* **1988**, *24*, 1483–1486.

[91]   Ähnliche Ringsysteme erhielten Weidenbruch et al. bei der Reaktion von **20b** mit 2,2'-Bipyridyl: [91a] M. Weidenbruch, A. Schäfer, H. Marsmann, *J. Organomet. Chem.* **1988**, *354*, C12–16. – [91b] M. Weidenbruch, A. Lesch, H. Marsmann, *J. Organomet. Chem.* **1990**, *385*, C47–49.

97

[92]   S. Zhang, R. T. Conlin, *J. Am. Chem. Soc.* **1991**, *113*, 4278–4281.

[93]   R. W. Hoffmann, W. Lilienblum, B. Dietrich, *Chem. Ber.* **1974**, *107*, 3395–3407.

[94]   A. G. Brook, A. Baumegger, A. J. Lough, *Organometallics* **1992**, *11*, 310–317.

[95]   B. O. Kneisel, Diplomarbeit, Göttingen, **1995**.

[96]   R. Corriu, G. Lanneau, C. Priou, F. Soulairol, N. Auner, R. Probst, R. Conlin, C. Tan, *J. Organomet. Chem.* **1994**, *466*, 55–68

[97]   H. Preut, B. Mayer, W. P. Neumann, *Acta Crystallogr.* **1983**, *C39*, 1118–1120.

[98]   [98a] S. Inagaki, H. Fujimoto, K. Fukui, *J. Am. Chem. Soc.* **1976**, *98*, 4054–4061. – [98b] P. v. Ragué-Schleyer, *J. Am. Chem. Soc.* **1967**, *89*, 701–703.

[99]   Zur Insertion von Germandiylen in 7-Germanorbornadiene, siehe: [99a] G. Billeb, W. P. Neumann, G. Steinhoff, *Tetrahedron Lett.* **1988**, *29*, 5245–5248. – [99b] O. M. Nefedov, M. P. Egorov, A. M. Gal'minas, S. P. Kolesnikov, A. Krebs, J. Berndt, *J. Organomet. Chem.* **1986**, *301*, C21–22.

[100]   A. Schäfer, M. Weidenbruch, W. Saak, S. Pohl, *Angew. Chem.* **1987**, *99*, 806–807; *Angew. Chem. Int. Ed. Engl.* **1987**, *26*, 776.

[101]   M. Weidenbruch, B. Flintjer, S. Pohl, W. Saak, *Angew. Chem.* **1989**, *101*, 89–90; *Angew. Chem. Int. Ed. Engl.* **1994**, *28*, 95.

[102]   [102a] M. Weidenbruch, J. Hamann, S. Pohl, W. Saak, *Chem. Ber.* **1992**, *125*, 1043–1046. – [102b] M. Weidenbruch, J. Hamann, K. Peters, H. G. v. Schnering, H. Marsmann, *J. Organomet. Chem.* **1992**, *441*, 185–195.

[103]   M. J. Barrow, *Acta Crystallogr.* **1982**, *B38*, 150–154.

[104]   M. Weidenbruch, A. Schäfer, K. Peters, H. G. von Schnering, *J. Organomet. Chem.* **1986**, *314*, 25–32.

[105]   R. W. Murray, *Chem. Rev.* **1989**, *89*, 1187–1201 und dort zitierte Literatur.

[106]   B. Plesničar in *Oxidation in Organic Chemistry*, (Hrsg.: W. S. Trahanovsky), Academic Press, New York, **1978**, 211–252.

[107]   C. G. Behrens, K. B. Sharpless, *Aldrichimica Acta* **1983**, *16*, 67–79.

[108]   L. S. Melvin, B. M. Trost, *Sulfur Ylides*, Academic Press, New York, **1975** und dort zitierte Literatur.

[109]   Siehe beispielsweise: [109a] C. Bonini, G. Righi, *Synthesis* **1994**, 225–238. – [109b] J. G. Smith, *Synthesis* **1984**, 629–656. [109c] J. W. Scott in *Asymmetric Synthesis*, (Hrsg.: J. D. Morrisson), Academic Press, New York, **1984**, *Vol. 4*, S. 1–226.

[110]   H. B. Yokelson, A. J. Millevolte, G. R. Gillette, R. West, *J. Am. Chem. Soc.* **1987**, *109*, 6865–6866.

[111]   [111a] Zur Reaktion von Silenen mit N_2O siehe: N. Wiberg, G. Preiner, K. Schurz, *Chem. Ber.* **1988**, *121*, 1407–1412. – [111b] Zur Reaktion von Silenen mit O_2 siehe:

M. Trommer, W. Sander, A. Patyk, *J. Am. Chem. Soc.* **1993**, *115*, 11775–11778 und dort zitierte Literatur.

[112]   T. J. Barton in *Comprehensive Organometallic Chemistry*, (Hrsg.: G. Wilkinson, F. G. Stone, E. W. Abel), Pergamon Press, Oxford, **1982**, S. 206 und dort zitierte Literatur.

[113]   W. Ando, M. Ikeno, A. Sekiguchi, *J. Am. Chem. Soc.* **1978**, *100*, 3613–3614.

[114]   W. Ando, Y. Hamada, A. Sekiguchi, K. Ueno, *Tetrahedron Lett.* **1982**, *23*, 5323–5326.

[115]   W. Ando, M. Ikeno, A. Sekiguchi, *J. Am. Chem. Soc.* **1977**, *99*, 6447–6449.

[116]   A Padwa, S. F. Hornbuckle, *Chem. Rev.* **1991**, *91*, 263–309.

[117]   S. Wielacher, W. Sander, M. T. H. Liu, *J. Org. Chem.* **1992**, *57*, 1051–1053.

[118]   [118a] J. Belzner, D. Schär, B. O. Kneisel, R. Herbst-Irmer, *Organometallics* **1995**, *14*, 1840–1843. – [118b] C. Brelière, R. Carré, R. J. P. Corriu, J. Wong Chi Man, *J. Chem. Soc., Chem. Commun.* **1994**, 2333–2334.

[119]   [119a] M. Weidenbruch, H. Piel, K. Peters, H. G. v. Schnering, *Organometallics* **1993**, *12*, 2881–2882. – [119b] J. Heinicke, B. Gehrhus, *J. Organomet. Chem.* **1992**, *423*, 13–21. – [119c] M. Weidenbruch, A. Lesch, K. Peters, *J. Organomet. Chem.* **1991**, *407*, 31–40.

[120]   R. Morancho, P. Pouvreau, G. Constant, J. Joud, J. Galy, *J. Organomet. Chem.* **1979**, *166*, 329–338.

[121]   P. Arya, R. J. P. Corriu, G. F. Lanneau, M. Perrot, *J. Organomet. Chem.* **1988**, *346*, C11–14.

[122]   [122a] H. B. Yokelson, A. J. Millevolte, B. R. Adams, R. West, *J. Am. Chem. Soc.* **1987**, *109*, 4116–4118. – [122b] K. L. McKillop, G. P. Gillette, D. R. Powell, R. West, *J. Am. Chem. Soc.* **1992**, *114*, 5203–5208.

[123]   D. Britton, J. D. Dunitz, *J. Am. Chem. Soc.* **1981**, *103*, 2971–2979.

[124]   [124a] H. Sohn, R. P. Tan, D. R. Powell, R. West, *Organometallics* **1994**, *13*, 1390–1394 und dort zitierte Literatur. – [124b] Zu Strukturen mit der allgemeinen Formel M_2O_2 der höheren Elemente der 14. Gruppe siehe: M. Lappert, *Main Group Metal Chemistry* **1994**, *17*, 183–207 und dort zitierte Literatur. – [124c] Zur Struktur eines 1-Oxa-3-aza-2,4-disiletan siehe: D. Schmidt-Baese, U. Klingebiel, *J. Organomet. Chem.* **1989**, *364*, 313–321.

[125]   [125a] M. S. Gordon, T. J. Packwood, M. T. Carroll, J. O. Boatz, *J. Phys. Chem.* **1991**, *95*, 4332–4337. – [125b] R.S. Grev, H. F. Schaefer, III, *J. Am. Chem. Soc.* **1987**, *109*, 6577–6585. – [125c] C. Liang, L. C. Allen, *J. Am. Chem. Soc.* **1991**, *113*, 1878–1884.

[126] M. Weidenbruch, B. Flintjer, S. Pohl, W. Saak, *Angew. Chem.* **1989**, *101*, 89–90; *Angew. Chem. Int. Ed. Engl.* **1994**, *28*, 95.

[127] H. S. D. Soysa, H. Okinoshima, W. P. Weber, *J. Organomet. Chem.* **1977**, *133*, C17–20.

[128] [128a] W. F. Gore, T. J. Barton, *J. Organomet. Chem.* **1980**, *199*, 33–41. – [128b] D. Tzeng, W. P. Weber, *J. Am. Chem. Soc.* **1980**, *102*, 1451–1451. – [128c] W. Ando, M. Ikeno, Y. Hamada, *J. Chem. Soc., Chem. Commun.* **1981**, 621–622.

[129] C. A. Arrington, R. West, J. Michl, *J. Am. Chem. Soc.* **1983**, *105*, 6176–6177.

[130] A. Patyk, W. Sander, J. Gauss, D. Cremer, *Angew. Chem.* **1989**, *101*, 920–922; *Angew. Chem. Int. Ed. Engl.* **1989**, *28*, 898.

[131] [131a] R. W. Hoffmann, B. Hagenbruch, D. M. Smith, *Chem. Ber.* **1977**, *110*, 23–36. – [131b] M. Reiffen, R. W. Hoffmann, *Chem. Ber.* **1977**, *110*, 37–48. – [c] R. W. Hoffmann, M. Reiffen, *Chem. Ber.* **1977**, *110*, 49–52.

[132] J. E. Baldwin, A. E. Derome, P. D. Riordan, *Tetrahedron* **1983**, *39*, 2989–2994.

[133] [133a] J. Tamás, À. Gömöry, O. M. Nefedov, V. N. Khabashesku, Z. A. Kerzina, N. D. Kagramov, A. K. Maltsev, *J. Organomet. Chem.* **1988**, *349*, 37–41. – [133b] Zur theoretischen Untersuchung der Dimerisierung und Oligomerisierung eines Silanons siehe: T. Kudo, S. Nagase, *J. Am. Chem. Soc.* **1985**, *107*, 2589–2595.

[134] P. Jutzi, A. Möhrke, *Angew. Chem.* **1989**, *101*, 769–770; *Angew. Chem. Int. Ed. Engl.* **1989**, *28*, 762.

[135] P. Arya, J. Boyer, F. Carré, R. Corriu, G. Lanneau, J. Lapasset, M. Perrot, C. Priou, *Angew. Chem.* **1989**, *101*, 1069–1071; *Angew. Chem. Int. Ed. Engl.* **1989**, *28*, 1016.

[136] R. J. P. Corriu, G. F. Lanneau, V. D. Mehta, *J. Organomet. Chem.* **1991**, *419*, 9–26.

[137] A. J. Arduengo, III, H. V. R. Dias, R. L. Harlowe, M. Kline, *J. Am. Chem. Soc.* **1992**, *114*, 5530–5534.

[138] R. A. Moss, C. M. Young, L. A. Perez, K. Krogh-Jespersen, *J. Am. Chem. Soc.* **1981**, *103*, 2413–2415.

[139] R. A. Moss, J. K. Huselton, *J. Chem. Soc., Chem. Commun.* **1976**, 950–951.

[140] R. A. Moss, M. Wlostowski, S. Shen, K. Krogh-Jespersen, A. Matro, *J. Am. Chem. Soc.* **1988**, *110*, 4443–4444.

[141] G. Maier, H. P. Reisenauer, K. Schöttler, U. Wessolde-Kraus, *J. Organomet. Chem.* **1987**, *366*, 25–38.

[142] M. Denk, R. Lennon, R. Hayashi, R. West, A. V. Belyakov, A. Haaland, M. Wagner, N. Metzler, *J. Am. Chem. Soc.* **1994**, *116*, 2691–2692.

[143] M. Veith, E. Werle, R. Lisowsky, R. Köppe, H. Schnöckel, *Chem. Ber.* **1992**, *125*, 1375–1377.

[144] G. Maier, J. Glatthaar, H. P. Reisenauer, *Chem. Ber.* **1989**, *122*, 2403–2405.

[145] M. S. Gordon, D. R. Gano, *J. Am. Chem. Soc.* **1984**, *106*, 5421–5425.

[146] [146a] G. M. Sheldrick in *Crystallografic Computing*, (Hrsg.: H. D. Flack, L. Parkany, K. Simon), Oxford University Press, Oxford, **1993**, S. 100–110 und dort zitirte Literatur. – [146b] G. M. Sheldrick, *SHELX-93, Kristallstrukturverfeinerungsprogramm*, Universität Göttingen, **1993**.

[147] L. F. Tietze, T. Eicher, *Reaktionen und Synthesen*, 2. Aufl., Thieme, Stuttgart, **1992**.

[148] J. M. Kliegman, R. K. Barnes, *Tetrahedron* **1970**, *26*, 2555–2560.

[149] G. Reddelien, *Chem. Ber.* **1913**, *46*, 2718–2723.

[150] W. P. Austin, N. Bilow, W. J. Kelleghan, K. S. Y. Lau, *J. Org. Chem.* **1981**, *40*, 2280–2286.

[151] K. Sonogashira, Y. Tohda, N. Hagihara, *Tetrahedron Lett.* **1975**, *16*, 4467–4470.

F. Kristallographischer Teil

Die im folgenden gezeigten Auslenkungsellipsoide der Strukturbilder repräsentieren 50% der Aufenthaltswahrscheinlichkeit der Atome für eine asymmetrische Einheit der Elementarzelle des Kristallgitters.

1. ADP-Plot und kristallographische Daten von 17a:

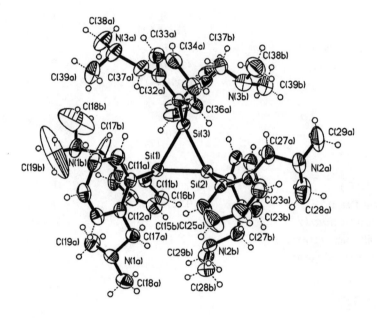

Summenformel	$C_{54}H_{72}N_6Si_3$
Molmasse (g x mol^{-1})	889.45
Kristallgröße (mm)	$0.6 \times 0.5 \times 0.5$
Meßtemperatur [K]	153
Kristallsystem	monoklin
Raumgruppe	$P2_1/c$

a (pm)	1436.9(2)
b (pm)	3211.2(4)
c (pm)	2251.5(4)
β (°)	90.86(2)
V (nm^3)	10.388(3)
Formeleinheiten/ Zelle Z	8
D_x (g cm^{-3})	1.137
μ (mm^{-1})	0.132
F(000)	3840
Vermessener 2θ Bereich (°)	$7 \leq 2\theta \leq 45$
Indexbereich h, k, l	$-15 \leq h \leq 15$
	$0 \leq k \leq 34$
	$-22 \leq l \leq 24$
Reflexe (gesammelt)	13567
Reflexe (unabhängig)	13499
R (int)	0.0511
Daten	13435
Parameter	1135
S	1.040
g_1	---
g_2	---
$R1$ (F>4σ(F))	0.0779
$wR2$ (alle Daten)	0.2210
Extinktionskoeffizient x	---
Max. Differenzpeak (e nm^{-3})	1208
Min. Differenzpeak (e nm^{-3})	-670

2. ADP-Plot und kristallographische Daten von 33c:

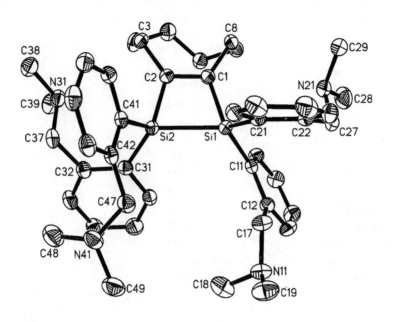

Summenformel	$C_{44}H_{60}N_4Si_2$
Molmasse (g x mol^{-1})	701.14
Kristallgröße (mm)	$0.6 \times 0.6 \times 0.3$
Meßtemperatur [K]	153
Kristallsystem	triklin
Raumgruppe	P$\bar{1}$
a (pm)	1243.7(11)
b (pm)	1366.5(14)
c (pm)	1368.1(13)
α (°)	92.20(6)
β (°)	101.03(5)
γ (°)	116.88(5)
V (nm^3)	2.015(3)
Formeleinheiten/ Zelle Z	2
D_x(g cm^{-3})	1.156
μ (mm^{-1})	0.123

$F(000)$	760
Vermessener 2θ Bereich (°)	$8 \leq 2\theta \leq 45$
Indexbereich h, k, l	$-11 \leq h \leq 13$
	$-14 \leq k \leq 4$
	$-14 \leq l \leq 14$
Reflexe (gesammelt)	5290
Reflexe (unabhängig)	5276
R (int)	0.0364
Daten	5275
Parameter	460
S	1.017
g_1	0.0274
g_2	1.2702
$R1$ (F>4σ(F))	0.0321
$wR2$ (alle Daten)	0.0773
Extinktionskoeffizient x	0.0054(6)
Max. Differenzpeak (e nm^{-3})	261
Min. Differenzpeak (e Å^{-3})	−229

3. ADP-Plot und kristallographische Daten von 41:

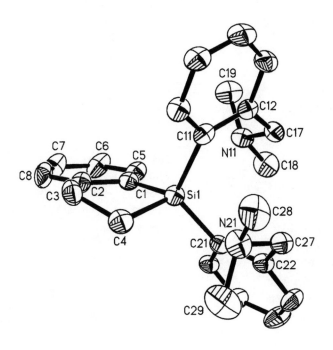

Summenformel	$C_{26}H_{32}N_2Si$
Molmasse (g x mol⁻¹)	400.63
Kristallgröße (mm)	$0.7 \times 0.6 \times 0.3$
Meßtemperatur [K]	153
Kristallsystem	monoklin
Raumgruppe	C2/c
a (pm)	3625.5(7)
b (pm)	887.7(2)
c (pm)	1496.6(2)
β (°)	109.60(1)
V (nm³)	4.537(2)
Formeleinheiten/ Zelle Z	8
D_x(g cm⁻³)	1.173

μ (mm^{-1})	0.118
F(000)	1728
Vermessener 2θ Bereich (°) ·	$8 \le 2\theta \le 45$
Indexbereich h, k, l	$-38 \le h \le 38$
	$-9 \le k \le 9$
	$-7 \le l \le 16$
Reflexe (gesammelt)	4732
Reflexe (unabhängig)	2881
R (int)	0.0205
Daten	2876
Parameter	266
S	1.103
g_1	0.0554
g_2	13.5732
$R1$ (F>4σ(F))	0.0515
$wR2$ (alle Daten)	0.1552
Extinktionskoeffizient x	---
Max. Differenzpeak (e nm^{-3})	479
Min. Differenzpeak (e nm^{-3})	-476

4. ADP-Plot und kristallographische Daten von 43:

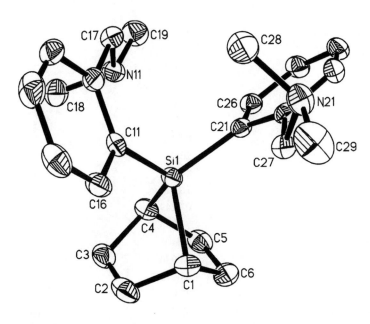

Im Kristall von **43** liegt eine Fehlordnung der Wasserstoffatomlagen für die Wasserstoffatome der beiden Ethylenbrücken vor. Das Verhältnis der Besetzungsfaktoren für H-2/H-3 bzw. H5/H6 beträgt 7 : 3.

Summenformel	$C_{24}H_{32}N_2Si$
Molmasse (g x mol^{-1})	376.61
Kristallgröße (mm)	$0.7 \times 0.7 \times 0.5$
Meßtemperatur [K]	153
Kristallsystem	monoklin
Raumgruppe	C2/c
a (pm)	1415.5(5)
b (pm)	1333.6(4)
c (pm)	2333.9(8)
β (°)	107.16(2)
V (nm^3)	4.210(2)
Formeleinheiten/ Zelle Z	8

$D_x(\text{g cm}^{-3})$	1.188
μ (mm^{-1})	0.123
$F(000)$	1632
Vermessener 2θ Bereich (°)	$8 \leq 2\theta \leq 45$
Indexbereich h, k, l	$-15 \leq h \leq 15$
	$-12 \leq k \leq 14$
	$-25 \leq l \leq 25$
Reflexe (gesammelt)	3565
Reflexe (unabhängig)	2683
R (int)	0.0437
Daten	2681
Parameter	249
S	1.131
g_1	0.0249
g_2	7.1883
$R1$ (F>4σ(F))	0.0401
$wR2$ (alle Daten)	0.0978
Extinktionskoeffizient x	0.0013(2)
Max. Differenzpeak (e nm^{-3})	273
Min. Differenzpeak (e nm^{-3})	−229

5. ADP-Plot und kristallographische Daten von 50

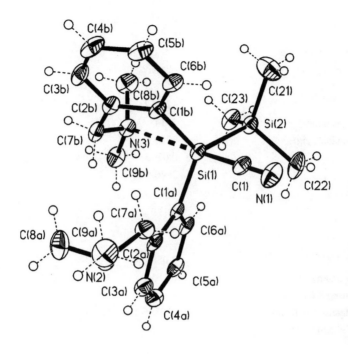

Summenformel	$C_{22}H_{33}N_3Si_2$
Molmasse (g x mol^{-1})	395.69
Kristallgröße (mm)	nicht bestimmt
Meßtemperatur [K]	293
Kristallsystem	monoklin
Raumgruppe	P2$_1$/c
a (pm)	920.1(2)
b (pm)	1107.7(2)
c (pm)	2240.3(4)
α (°)	90
β (°)	91.12(3)
γ (°)	90
V (nm^3)	2.2829(8)

Formeleinheiten/ Zelle Z	4
$D_x(\text{g cm}^{-3})$	1.151
μ (mm^{-1})	0.167
$F(000)$	856
Vermessener 2θ Bereich (°)	$7 \leq 2\theta \leq 45$
Indexbereich h, k, l	$-9 \leq h \leq 9$
	$-11 \leq k \leq 11$
	$-23 \leq l \leq 24$
Reflexe (gesammelt)	3914
Reflexe (unabhängig)	2950
R (int)	0.0745
Daten	2940
Parameter	244
S	1.186
g_1	---
g_2	---
$R1$ $(F>4\sigma(F))$	0.0581
$wR2$ (alle Daten)	0.1654
Extinktionskoeffizient x	---
Max. Differenzpeak (e nm^{-3})	689
Min. Differenzpeak (e Å^{-3})	-467

111

6. ADP-Plot und kristallographische Daten von 68a:

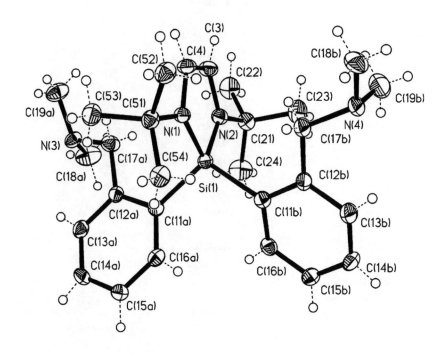

Summenformel	$C_{28}H_{44}N_4Si$
Molmasse (g × mol⁻¹)	464.76
Kristallgröße (mm)	0.5 × 0.5 × 0.3
Meßtemperatur [K]	293
Kristallsystem	triklin
Raumgruppe	$P\bar{1}$
a (pm)	900.60(10)
b (pm)	1364.7(3)
c (pm)	1116.9(3)
α (°)	92.18(3)
β (°)	94.54(3)
γ (°)	98.01(3)
V (nm³)	1.3534(5)
Formeleinheiten/ Zelle Z	2

$D_x(\text{g cm}^{-3})$	1.140
μ (mm^{-1})	0.109
$F(000)$	508
Vermessener 2θ Bereich (°)	$7 \leq 2\theta \leq 45$
Indexbereich h, k, l	$-9 \leq h \leq 9$
	$-14 \leq k \leq 14$
	$-12 \leq l \leq 12$
Reflexe (gesammelt)	4794
Reflexe (unabhängig)	3522
R (int)	0.0254
Daten	3519
Parameter	298
S	1.052
g_1	---
g_2	---
$R1$ (F>4σ(F))	0.0430
$wR2$ (alle Daten)	0.0.1223
Extinktionskoeffizient x	---
Max. Differenzpeak (e nm^{-3})	325
Min. Differenzpeak (e nm^{-3})	-225

113

7. ADP-Plot und kristallographische Daten von 75a:

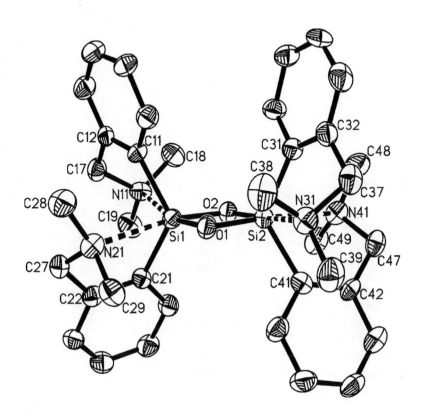

Summenformel	$C_{36}H_{48}N_4O_2Si_2$
Molmasse (g x mol^{-1})	624.96
Kristallgröße (mm)	$0.6 \times 0.5 \times 0.5$
Meßtemperatur [K]	153
Kristallsystem	orthorhombisch
Raumgruppe	$Pca2_1$
a (pm)	1827.3(2)
b (pm)	1790.4(2)
c (pm)	2118.2(4)
α (°)	90
β (°)	90

$\gamma(°)$	90
V (nm^3)	6.930(2)
Formeleinheiten/ Zelle Z	8
D_x(g cm^{-3})	1.198
μ (mm^{-1})	0.139
$F(000)$	2688
Vermessener 2θ Bereich (°)	$8 \leq 2\theta \leq 45$
Indexbereich h, k, l	$-19 \leq h \leq 19$
	$-19 \leq k \leq 19$
	$-22 \leq l \leq 22$
Reflexe (gesammelt)	14196
Reflexe (unabhängig)	9081
R (int)	0.0570
Daten	9067
Parameter	809
S	1.035
g_1	0.0602
g_2	5.9048
$R1$ (F>4$\sigma(F)$)	0.0583
$wR2$ (alle Daten)	0.1584
Extinktionskoeffizient x	---
Max. Differenzpeak (e nm^{-3})	252
Min. Differenzpeak (e nm^{-3})	−244

Publikationen

1. H. Ihmels, M. Maggini, M. Prato, G. Scorrano, "Oxidation of Diazo Compounds by Dimethyl Dioxirane: An Extremely Mild an Efficient Method for the Preparation of Labile α-Oxo-Aldehydes", *Tetrahedron Lett.* **1991**, *32*, 6215–6218.

2. J. Belzner, H. Ihmels, "A Novel Route to Stable Silacyclopropenes - First Synthesis of Silacyclopropenes bearing Vinylic Hydrogen", *Tetrahedron Lett.* **1993**, *34*, 6541–6544.

3. J. Belzner, H. Ihmels, B. O. Kneisel, R. Herbst-Irmer, "Reactions of a Cyclotrisilane with Alkynes: Synthesis and First Crystal Structure of 1,2-Disilacyclobut-3-enes", *J. Chem. Soc., Chem. Comm.* **1994**, 1989–1990.

4. J. Belzner, N. Detomi, H. Ihmels und M. Noltemeyer, "Strukturen 2-(Me_2NCH_2) C_6H_4-substituierter Oligosilane", *Angew. Chem.* **1994**, *106*, 1949–1950; *Angew. Chem., Int. Ed. Engl.* **1994**, *33*, 1854–1855.

5. J. Belzner, H. Ihmels, B. O. Gould, B. O. Kneisel, R. Herbst-Irmer, "Reactions of a Cyclotrisilane with Olefins and Dienes: Evidence for an Equilibrium between Silylenes and a Cyclotrisilane", *Organometallics* **1994**, *14*, 305–311.

Danksagungen

Die Worte reichen nicht aus, um *vor allem* Børni, Maja, Martin und Susanne dafür zu danken, daß es mehr gab als nur Chemie.

Herrn Armin de Meijere und Herrn Johannes Belzner danke ich für die Einführung in das wahrlich unvergeßliche Abenteuer "Kleinring-Chemie". Für den wissenschaftlichen Unterricht möchte ich mich bei allen Dozenten, Assistentinnen und Assistenten der Universität Göttingen bedanken, die in der Lage waren, ihr Wissen in der Lehre zu vermitteln. Ein großer Dank geht auch an die Herren G. Scorrano, M. Maggini und M. Prato von der Universität Padova für die Einührung in die Chemie der Dioxirane.

Herrn B. Knieriem danke ich für die Aufnahme der UV/VIS-Spektren und für die Einführung in die Absorptionsspektroskopie. Herrn R. Machinek und seinen Mitarbeiterinnen und Mitarbeitern sowie Frau Machacek von der Firma Bruker und Herrn Elter danke ich für die Unterstützung und Diskussionsbereitschaft bei NMR-spektroskopischen Problemen. Herrn Remberg und Herrn Kohl (Massenspektren) sowie Herrn Beller (Elementaranalysen) gilt mein besonderer Dank für die Mühe bei der Analyse meiner Substanzen und vor allem für das Verständnis für die dabei aufgetretenen Probleme. Für die Durchführung der Röntgenbeugungsexperimente danke ich B. O. Kneisel, R. Herbst-Irmer, D. Stalke, M. Noltemeyer und H. G. Schmidt.

Dem Labor-Kollektiv Johannes Belzner, Dirk Schär, Uwe Dehnert und Volker Ronneberger möchte ich für die angenehme Atmosphäre im Labor und für die zahllosen Diskussionen danken, ebenso wie den ERASMUS-Studentinnen und Studenten Nicola Detomi, Barbara Gallina und Lara Pauletto für die Bereicherung unseres Laboralltages. Ich danke den Studentinnen und Studenten, die durch ihr Engagement an dieser Arbeit beteiligt waren. Weiterer Dank für viele nette Gesten in den Jahren geht an viele Mitarbeiter und Mitarbeiterinnen des Arbeitskreises von Herrn A. de Meijere und der Arbeitsgruppe von Herrn O. Reiser, die aufzuzählen den Rahmen sprengen würde. Frau H. Langerfeld möchte ich für ihre Hilfsbereitschaft und bewundernswerte Ruhe danken.

Peter Prinz, Dirk Schär, Stefan Beußhausen und vor allem Johannes Belzner danke ich für die Unterstützung bei der Fertigstellung dieser Arbeit.

Der Friedrich-Ebert-Stiftung danke ich für die finanzielle *und* ideelle Unterstützung der Arbeit.

Großer Dank geht an meine Eltern, Großeltern für ihr Verständnis, und an meine Brüder und Heike sowie Hiltrud, Petra, Jens, Christian, Jürgen, Maria, Lisa, Lennart, Beate, Claudia, Ludger, Heike, Ludi, Barbara, Carsten, Christoph, Anja, Barney, Hans-Werner, Stucki, Sven-Erwin, Dorte, Annemarie, Christine, Christian, Jens, Ubbo, Jutta, Maike, Tino, Jens, Udo und Herrn Dr. Heiko Scheepker für alles.... Für diejenigen, die ich bestimmt vergessen habe, bitte hier unterschreiben: ....

Lebenslauf

03. 11. 1966	Geboren in Varel, Kreis Friesland
1972–1976	Grundschule Grabstede
1976–1978	Orientierungsstufe Bockhorn
1978–1987	Gymnasium Westerstede
05. 06. 1987	Erlangung der allgemeinen Hochschulreife
01. 10. 1987	Immatrikulation an der Georg-August-Universität Göttingen für den Diplomstudiengang Chemie
11. 07. 1990	Diplomvorprüfung
15. 04. 1991–30. 07. 1991	Forschungsaufenthalt als ERASMUS-Austauschstudent bei Professor G. Scorrano am Institut für Organisch-Physikalische Chemie in Padova (Italien)
15. 09. 1991–15. 05. 1992	Anfertigung einer Diplomarbeit (Synthese und Eigenschaften von 2,6-Bis(dialkylaminomethyl)phenyl-substituierter Siliciumverbindungen) im Arbeitskreis von Prof. Dr. A. de Meijere unter der wissenschaftlichen Anleitung von Dr. J. Belzner
26. 06. 1992	Diplom-Hauptprüfung
01. 05. 1992–31.07. 1993	Wissenschaftliche Hilfskraft am Institut für Organische Chemie der Universität Göttingen (Assistent im Chemischen Praktikum für Medizinerinnen und Mediziner)
01. 08. 1993–31. 03. 1994	Wissenschaftlicher Mitarbeiter am Institut für Organische Chemie der Universität Göttingen
01. 04. 1994–31.06. 1995	Promotionsstipendiat der Friedrich-Ebert-Stiftung
August 1992–Mai 1995	Anfertigung der Dissertation (Thermolyse von Hexakis[2-(dimethylaminomethyl)phenyl]cyclotrisilan – Ein effizienter Zugang zu einem basenstabilisierten, nucleophilen Silandiyl) im Arbeitskreis von Prof. Dr. A. de Meijere unter der wissenschaftlichen Anleitung von Dr. J. Belzner